WERKSTATTBÜCHER

FÜR BETRIEBSANGESTELLTE, KONSTRUKTEURE UND FACH-ARBEITER. HERAUSGEGEBEN VON DR.-ING. H. HAAKE, HAMBURG

Jedes Heft 50—70 Seiten stark, mit zahlreichen Abbildungen

Die Werkstattbücher behandeln das Gesamtgebiet der Werkstattstechnik in kurzen selbständigen Einzeldarstellungen: anerkannte Fachleute und tüchtige Praktiker bieten hier das Beste aus ihrem Arbeitsfeld, um ihre Fachgenossen schnell und gründlich in die Betriebspraxis einzuführen.

Die Werkstattbücher stehen wissenschaftlich und betriebstechnisch auf der Höhe, sind dabei aber im besten Sinne gemeinverständlich, so daß alle im Betrieb und auch im Büro Tätigen, vom vorwärtsstrebenden Facharbeiter bis zum leitenden Ingenieur, Nutzen aus ihnen ziehen können.

Indem die Sammlung so den Einzelnen zu fördern sucht, wird sie dem Betrieb als Ganzem nutzen und damit auch der deutschen technischen Arbeit im Wettbewerb der Völker.

Einteilung der bisher erschienenen Hefte nach Fachgebieten

I. Werkstoffe, Hilfsstoffe, Hilfsverfahren

II. Spangebende Formung

(Fortsetzung 3. Umschlagseite)

WERKSTATTBÜCHER

FÜR BETRIEBSANGESTELLTE, KONSTRUKTEURE UND FACH-ARBEITER. HERAUSGEBER DR.-ING. H. HAAKE, HAMBURG

=== HEFT 116 ===

Induktionshärten

Von

Dipl.-Ing. Erich Höhne

Denzlingen bei Freiburg/Br.

Mit 115 Abbildungen

Springer-Verlag Berlin Heidelberg GmbH

1955

ISBN 978-3-540-01972-5   ISBN 978-3-642-87060-6 (eBook)
DOI 10.1007/978-3-642-87060-6

Inhaltsverzeichnis.

Vorwort.

Das Härten von Stahl hatte schon immer innerhalb der Fertigung besondere Bedeutung, weil hier in jedem Falle ein Erfolg nur dann erzielt werden kann, wenn alle beteiligten Fachleute eng zusammenarbeiten. Die Grundlagen für den Erfolg oder den Mißerfolg des Härtens werden immer bereits im Stahlwerk gelegt. Mit dem Induktionshärten wurde ein Arbeitsverfahren geschaffen, das durchaus in der Lage ist, in geeigneten Fällen die bestehenden Schwierigkeiten zu vermindern oder zu beseitigen. Voraussetzung dafür ist, daß die Möglichkeiten und Grenzen seiner Anwendung richtig erkannt werden. Diesem Ziel will das vorliegende Werkstattbuch dienen.

Auf theoretische physikalische und elektrotechnische Einzelheiten konnte in diesem für die Praxis bestimmten Buch nicht näher eingegangen werden. Am Schluß sind im „Schrifttum" einige Quellen angegeben, die der Verfasser für ein weiteres Studium empfehlen kann.

I. Einleitung.

1. Kennzeichen des Verfahrens. Das Induktionshärten ist ein Umwandlungs- oder Abschreckhärten: Das Werkstück wird über seinen Umwandlungspunkt erhitzt und dann abgeschreckt. Im Gegensatz zum Einsatzhärten werden hier Vergütungsstähle verwendet, die den notwendigen Kohlenstoff bereits enthalten. Nach der Art der Wärmezufuhr ist das Verfahren ebenso wie das Brennhärten und das Tauchhärten ein typisches Oberflächenhärteverfahren. Die Wärme wird in sehr kurzen Zeiten durch induzierte Wechselströme in einer dünnen Schicht an der Werkstückoberfläche erzeugt. Im technologischen Sinne sind die Vorgänge die gleichen wie beim Brennhärten [12] [1].

2. Oberflächenhärten. a) Verschleißschutz. Das Ziel des Oberflächenhärtens ist es zunächst, den Widerstand von Werkstücken gegen den Verschleiß zu erhöhen. Viele tausend Tonnen Stahl werden jährlich durch den Verschleiß vernichtet. Gehärtete Oberflächen sind eines der wesentlichsten Mittel gegen den Verschleiß. Die Beziehungen zwischen Härte und Verschleiß sind noch nicht restlos geklärt. Oberflächen mit einer Härte von 60 Rc setzen dem Verschleiß bereits einen nennenswerten Widerstand entgegen. Daraus ergibt sich die Bedeutung der Oberflächenhärteverfahren. Wenn es auf die Bekämpfung des Verschleißes ankommt, wird es immer nur nötig sein, die Oberfläche oder einen Teil der Oberfläche zu härten. Gerade hier kommt das Induktionshärten zur Geltung, denn mit ihm ist es möglich, jeden bestimmten Oberflächenabschnitt zu härten, während andere Teile des Werkstückes, die hohe Schlagbeanspruchungen auszuhalten haben und daher weich und damit zäh bleiben sollen, sowie das Innere des Werkstückes überhaupt nicht behandelt werden.

b) Dauerhaltbarkeit. Eine weitere Aufgabe der Oberflächenhärtung, die erst später voll erkannt wurde, ist die Steigerung der Dauerhaltbarkeit. Wenn auch beim Induktionshärten der Rand und der Kern eines Werkstückes aus dem gleichen Werkstoff bestehen, so sind doch die Gefügezustände andere. Beim Härten wächst das Volumen des Stahles um bis zu 1%. Durch diese Volumenzunahme in der ge-

---

[1] Die Zahlen in eckigen Klammern verweisen auf das Schrifttum S. 68.

härteten Oberflächenschicht entstehen hier Druckspannungen und im Kern Zugspannungen. Die bei Belastungen auftretenden Spannungen überlagern sich diesen Eigenspannungen, so daß z. B. bei Zugbeanspruchung eines gekerbten Stabes die Außenhaut entlastet, der Höchstwert der gesamten Zugbeanspruchung in das Innere des Werkstückes verlagert und die Dauerfestigkeit erhöht wird (Abb. 1). Die Steigerung der Dauerhaltbarkeit hängt von der Härtetiefe und von der Spannungsverteilung ab. Beide aber sind an das Werkstück gebunden und können somit nicht in allgemeingültigen Regeln erfaßt werden.

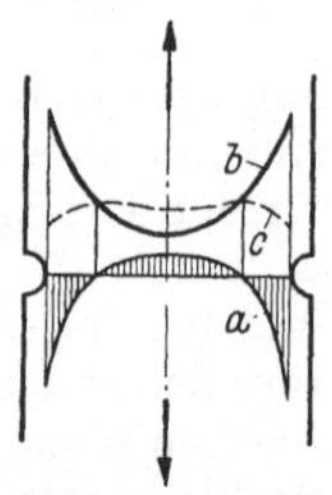

Abb. 1. Spannungsverteilung an einem oberflächengehärteten Zugstab mit Kerbe. *a* Eigenspannung durch die Oberflächenhärtung, *b* Lastspannung, *c* aus *a* und *b* entstehende Gesamtspannung. (Nach GÖBEL/MARFELS.)

Die Wirkung eines zähen Kernes und einer gehärteten Oberfläche ist eine ganz andere, wenn es sich etwa um eine Belastung durch einzelne Schläge handelt oder wenn das Werkstück durch periodisch wechselnde Kräfte mit hohen Lastwechselzahlen dauerbeansprucht wird, wie es in der Regel der Fall sein wird. Während im ersten Fall einem vergüteten Werkstück der Vorzug zu geben ist, wird man im zweiten Falle durch Oberflächenhärten eine wesentliche Steigerung der Dauerfestigkeit erzielen [2].

Ein Kettenbolzen aus VCMo 240 hatte vergütet z. B. eine Biegefestigkeit (bei 0,2 mm bleibender Durchbiegung) von 17—26 kg/mm², eine größte Schlagbiegefestigkeit von 340 mkg und eine Dauerbiegefestigkeit von 3—12 kg/mm². Bei dem gleichen Bolzen aus C 45 war nach der Oberflächenhärtung die Biegefestigkeit gleich groß, die Schlagbiegefestigkeit betrug 220 mkg und die Dauerbiegefestigkeit betrug 20—27 kg/mm².

3. Vorteile des Induktionshärtens. Es steht als neues Oberflächenhärteverfahren neben den bereits bekannten: Einsatzhärten, Nitrieren, Tauchhärten, Brennhärten und OCe-Härten [1] und wird die alten Verfahren nicht ersetzen oder verdrängen. Aber es wird infolge seiner Vorteile in vielen Fällen an die Stelle eines von ihnen treten und in einer großen Zahl von Fällen das Oberflächenhärten überhaupt erst wirtschaftlich ermöglichen. Seine *Hauptvorteile* sind:

1. Jedes genau begrenzte örtliche Härten ist möglich.
2. Die Härtezeiten werden auf bisher nicht gekannte Zeiten verkürzt.
3. Die Härtezonen bleiben praktisch frei von Zunder.
4. Der Härteverzug kann außerordentlich gering gehalten werden.
5. Die Härteergebnisse sind sehr gut wiederholbar.
6. Die erforderliche Härtemaschine steht in der Fertigungsstraße, arbeitet im Fertigungstakt und erspart Transportwege.
7. Die Werkstoffkosten, Lohnkosten und Energiekosten werden gesenkt.
8. Auch große, sperrige Teile können gehärtet werden.

Neben diesen Vorteilen entstehen eine Reihe von Forderungen an die Werkstückform und an das Fertigungsverfahren, die neben den entstehenden Anlagekosten der Anwendung gewisse Grenzen setzen.

4. Geschichtliche Entwicklung. Induktiv erzeugte Wärme wurde zuerst zum Schmelzen von Metallen verwendet. Man begann Netzfrequenz²-Tiegelöfen zu bauen, deren Anwendungsmöglichkeit man später durch Einführen höherer Frequenzen steigern konnte. Heute sind dabei Frequenzen von 500 bis 10 000 Hz gebräuchlich, die mit umlaufenden Umformern erzeugt werden. Später wurde das Verfahren dann auch für andere Warmbehandlungen übernommen. Die ersten Anlagen zum Härten, sowohl mit Maschinenumformern als auch mit Röhrengeneratoren wurden in Deutschland etwa um 1937 hergestellt. Während man zum

---

[1] „*Ohne Cementation*" (Patent Röchling).

[2] Die übliche Frequenz der Wechselstromnetze beträgt bekanntlich in Mitteleuropa 50 Hz (Hertz, 1 Hz = 1 Doppelwelle je Sek.; kHz = Kilohertz, 1 kHz = 1000 Hz; MHz = Megahertz, 1 MHz = 1 000 000 Hz).

Glühen bei großen Werkstücken auch noch mit Netzfrequenz-Strömen arbeiten kann, ist man beim Oberflächenhärten im wesentlichen auf Ströme höherer Frequenz angewiesen. Nach den ersten Versuchen fand man neue Anwendungsmöglichkeiten, und die Weiterentwicklung, die auch heute noch nicht abgeschlossen ist, nahm einen schnellen Verlauf. Heute ist das Verfahren in der industriellen Reihenfertigung bereits unentbehrlich. Neben dem Induktionshärten gewinnen auch die Induktions-Glüh-, Löt- und Sinterverfahren laufend an Bedeutung.

II. Physikalische Grundlagen.

5. Induktion. Bei den bisher benutzten Verfahren wird dem Werkstück die Wärme durch Konvektion (Berührung, z. B. Heizgase), Strahlung oder Leitung zugeführt. Dabei können Leistungen von 0,5, 8 und 20 W/cm² übertragen werden. Mit der Schweißflamme wächst die Energiezufuhr auf etwa 1 kW/cm². Beim induktiven Erwärmen wird die Wärme durch Induktion von Wechselströmen im Werkstück selbst erzeugt. Dabei dringen Wärme-Leistungen bis über 10 kW/cm² in die äußerste Schicht des Werkstückes ein.

Zur Erzeugung der Induktionströme wird um das zu erhitzende Werkstück ein elektrischer Leiter — genannt *Heizschleife* — gelegt, ohne daß er es berührt. Ein durch den Leiter fließender Wechselstrom (Abb. 2) erzeugt ein mit dem Strom wechselndes magnetisches Feld, das ihn konzentrisch umgibt. Bringt man nun einen elektrischen Leiter, z. B. ein metallisches Werkstück in dieses Feld, so werden darin Spannungen induziert, die Ströme in geschlossenen Strombahnen innerhalb des Metallkörpers hervorrufen. Diese sogenannten Wirbelströme, sonst als Verlust zu betrachten, erzeugen die in diesem Falle gewünschte Wärme: *Widerstands- oder Wirbelstrom-Wärme*. Bei magnetischen Werkstoffen, z. B. beim Stahl, kommt noch die Wärme hinzu, die durch die Verluste bei der Richtungsänderung der kleinsten Teile innerhalb des Stahles, der sogenannten Elementarmagnete, infolge des stetig wechselnden Feldes hervorgerufen wird: *Ummagnetisierungs- oder Hysteresis-Wärme*. Diese Hysteresis-Wärme hat nur bei niederen Frequenzen die Größenordnung der Wirbelstromwärme. Bei höheren Frequenzen ist ihr Anteil geringer, weil sie nur im gleichen

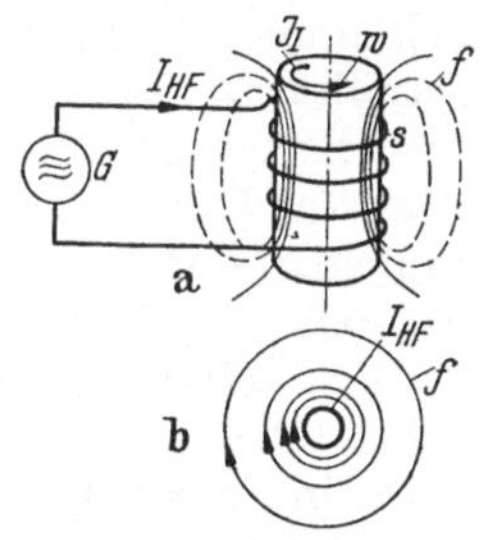

Abb. 2. Vorgänge beim induktiven Erwärmen. *a* Der im Generator *G* erzeugte hochfrequente Strom I_{HF} durchfließt die Spule *s* und erzeugt dabei das Magnetfeld *f*, das ein eingebrachtes Werkstück *w* durch den induzierten Strom I_J erhitzt; *b* zur Erläuterung: Magnetfeld um einen Leiter.

Verhältnis wie die Frequenz anwächst, die Wirbelstromwärme aber quadratisch mit der Frequenz. Oberhalb der CURIE-Temperatur[1] hören die Hysteresisverluste auf, weil der Stahl die Magnetisierbarkeit verliert.

Man kann sich das Werkstück als die Sekundärspule eines Transformators vorstellen, dessen Primärwicklung von der Heizschleife gebildet wird. Die im Werkstück erzeugte Wärme ist zunächst von der Größe des induzierenden Magnetfeldes abhängig, die vom Strom in der Heizschleife und damit von der ausgenutzten Leistung der Energiequelle abhängig ist. Die von diesem Feld im Werkstück induzierte Leistung steigt mit der Frequenz an. Die induzierten Spannungen rufen Ströme hervor, die wiederum von dem elektrischen Widerstand des Werkstückes abhängen.

Dieser Widerstand ist aber auch von der Temperatur abhängig, außerdem hat die Frequenz des Stromes besonderen Einfluß. Sie verursacht eine veränderliche Eindringtiefe der induzierten Ströme, die aber auch vom temperaturabhängigen spezifischen Widerstand und von den magnetischen Eigenschaften abhängt. Die ver-

---

[1] Die CURIE-Temperatur ist bei den Kohlenstoffstählen vom C-Gehalt abhängig. Bis 0,5% C liegt sie, wie das Eisen–Kohlenstoff-Schaubild (Abb. 80, S. 43) zeigt, bei 768°. Bei höherem C-Gehalt fällt sie mit A_3 zusammen (A_2 u. A_3 = Umwandlungsgrenzen des Gefüges).

schiedenen Größen sind mehrfach miteinander gekoppelt. Es ist deshalb schwierig und bisher auch unmöglich, eine für die Praxis brauchbare zusammenfassende mathematische Formulierung aller Zusammenhänge anzugeben [5]. Die Wirkung der einzelnen Einflußgrößen soll im folgenden näher betrachtet werden.

6. Eindringtiefe. Die im Werkstück induzierten Ströme sind nicht gleichmäßig über das ganze Werkstück verteilt. Zwei Eigenschaften der Ströme ermöglichen die Hauptvorteile des Verfahrens: die *örtliche* und die *Oberflächenerwärmung*.

Die Ströme fließen im Werkstück entsprechend dem Induktionsgesetz so, daß sie ihrem Erzeuger, dem Magnetfeld, entgegenwirken. Die Wärme wird also nur in dem Teil des Werkstückes erzeugt, der der Heizschleife unmittelbar benachbart liegt. Infolge der als *Skin-* oder *Hauteffekt* bekannten Erscheinung sinkt die Dichte des induzierten Stromes nach dem Werkstücksinneren hin rasch ab. Die Abnahme entspricht der in Abb. 3 gezeichneten Exponentialkurve. Um eine Rechengröße zu haben, hat man den Begriff der *Eindringtiefe* (δ) geschaffen. Man bezeichnet damit die Tiefe, in der die

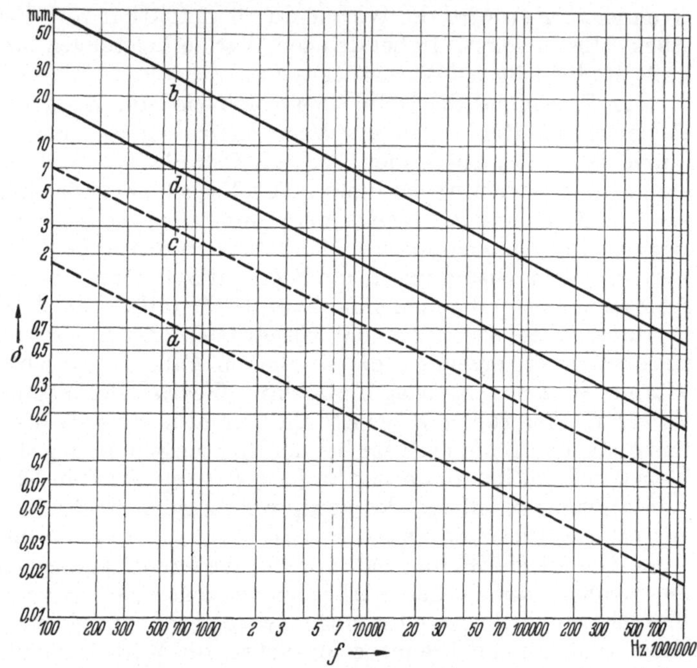

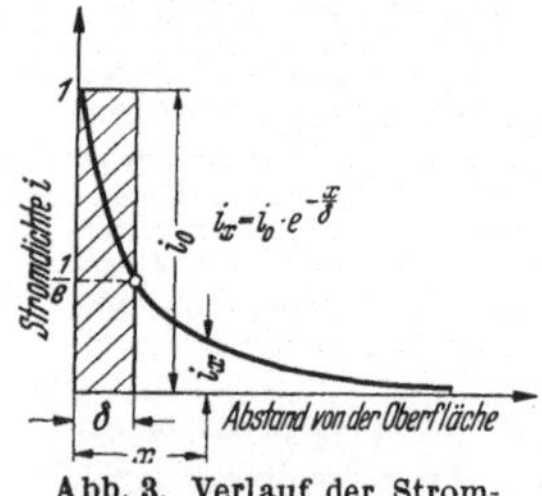

Abb. 3. Verlauf der Stromdichte in Metallen. δ sogenannte Eindringtiefe.

Abb. 4. Eindringtiefe von Wechselströmen. *a* Stahl bei Raumtemp., $\varrho \approx 0,2 \; \Omega \; \text{mm}^2/\text{m}$, $\mu = 170$; *b* Stahl bei 900° C, $\mu = 1, \varrho \approx 1,5 \; \Omega \; \text{mm}^2/\text{m}$; *c* Kupfer bei Raumtemp., $\varrho = 0,0178 \; \Omega \; \text{mm}^2/\text{m}$; *d* Kupfer bei 1000° C, $\varrho \approx 0,1 \; \Omega \; \text{mm}^2/\text{m}$.

Stromdichte auf den *e*-ten Teil abgesunken ist ($e = $ Basis der natürlichen Logarithmen: $1/e = 0,368$).

In der äußeren Schicht mit der Dicke δ werden dabei etwa 85% der erzeugten Wärme wirksam. Die Eindringtiefe δ (mm) ist vom spezifischen Widerstand ϱ ($\Omega \; \text{mm}^2/\text{m}$), von der relativen Permeabilität[1] des Werkstoffes μ (Verhältniszahl) und von der Frequenz f (Hz) abhängig [3]. Es gilt die Annäherung:

$$\delta = 503 \sqrt{\frac{\varrho}{f\mu}} \; [\text{mm}] . \tag{1}$$

Abb. 4 gibt Richtwerte für die Größe der Eindringtiefe in Abhängigkeit von der Frequenz für Stahl und Kupfer bei Raumtemperatur und bei 900—1000° C.

---

[1] Die relative Permeabilität ist ein reiner Zahlenwert, bei nichtmagnetischen Stoffen = 1, bei ferromagnetischen Stoffen vom Material und der Feldstärke abhängig.

Der spezifische Widerstand vergrößert sich etwa verhältnisgleich mit der Temperatur. Die relative Permeabilität von Stahl nimmt bei der CURIE-Temperatur einen Wert von rd. 1 an.

7. Die Härtetiefe (Abb. 5) entspricht keineswegs der Eindringtiefe. Sie ist von der Eindringtiefe abhängig, aber in gleichem oder in noch stärkerem Maße von der spezifischen Leistung, aus der sich die Aufheizzeit ergibt und auch vom Zeitpunkt des Abschreckens und von der Wärmeleitfähigkeit des Werkstoffes (vgl. auch Abschn. 38, S. 46). Wenn man mit einer hohen Leistungsdichte arbeitet, wird die notwendige Härtetemperatur in einer kurzen Heizzeit erreicht. Um die geringst mögliche Härtetiefe zu erreichen, muß man ohne Zeitverzögerung rasch abschrecken. Man beschränkt so das tiefere Eindringen der Wärme durch Wärmeleitung und kann Härtetiefen in der Größenordnung der Eindringtiefe bekommen. Die im Abschn. 6 erwähnten Gesetze, die die Eindringtiefe bestimmen, und die nur mit der Induktionserwärmung möglichen großen übertragbaren Leistungen sind die Ursache für die kurzen Aufheizzeiten und die erzielbaren kleinen Härtetiefen.

8. Spezifische Leistung nennt man die auf den cm² der Härtezone bezogene induzierte Leistung in W oder kW (vgl. Abschn. 5). Zur Erzielung eines Wärmestaues an der Werkstücksoberfläche, wie er bei jedem Oberflächen-

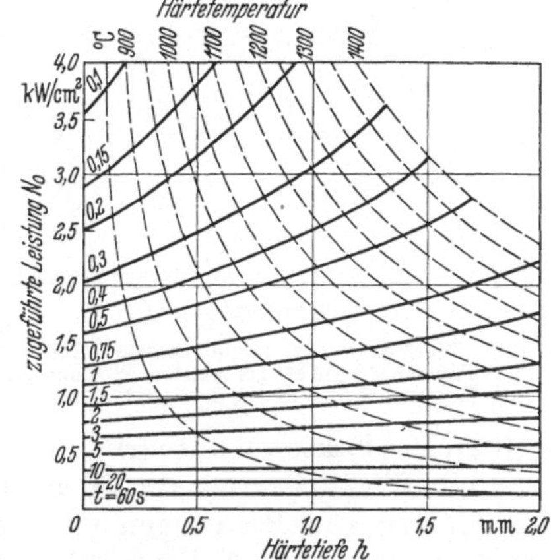

Abb. 5. Härtetiefe h, abhängig von der zugeführten Leistung, der Härtetemperatur und der Aufheizzeit. (Nach LEEMANN.)

härten notwendig ist, ist eine spezifische Leistung von mindestens 1—2 kW/cm² nötig. Für kleine Härtetiefen muß man mit möglichst hoher spezifischer Leistung arbeiten (5 bis 6 kW/cm²). Durch besondere Arbeitsverfahren gelingt es auch, mit kleinen Generatorleistungen diese hohen Leistungsdichten zu erreichen (Abschn. 18).

9. Wärmeleitung. Die in der dünnen Oberflächenschicht erzeugte Wärme wird sofort durch den Stahl, der ein guter Wärmeleiter ist, abgeleitet. Gerade diese Vorgänge lassen sich nur mit Schwierigkeiten mathematisch erfassen. Das Schaubild Abb. 5 gibt die Zusammenhänge bei der Wärmeleitung *in die Tiefe* für das Härten mit hohen Frequenzen unter Einführung einiger Näherungen übersichtlich wieder. Die Zusammenhänge bei der Wärmeleitung *in die Breite*, die bei teilweiser oder örtlicher Härtung entstehen, sind so von der jeweiligen Werkstückform abhängig, daß sie nur durch den Versuch zu klären sind.

Die durch *Konvektion* und *Strahlung* entstehenden Verluste sind infolge der kleinen Aufheizzonen und der kurzen Heizzeiten bei den üblichen Härtetemperaturen nicht größer als rd. 10 W/cm², also zu vernachlässigen.

10. Der Heizschleifenwirkungsgrad (im Werkstück erzeugte Wärme, geteilt durch die Energieaufnahme der Heizschleife) spielt im Rahmen des Gesamtwirkungsgrades einer Anlage eine wesentliche Rolle. Er ist zunächst von den *Werkstoffen* der Heizschleife und des Werkstückes abhängig. Für die Heizschleife wird meist Kupfer, nur teilweise auch Silber verwendet. Beim Werkstück steigt der Wirkungsgrad mit dem spezifischen Widerstand und der Permeabilität. Bis zum Erreichen der CURIE-Temperatur ist der Wirkungsgrad etwas höher als darüber.

Weiter macht die *Lage* der Heizschleife zum Werkstück den Wirkungsgrad um so größer, je mehr beide einander genähert werden. Dieser Abstand wirkt sich bei großen Werkstückdurchmessern weniger aus als bei kleinen. Schließlich sind noch die *Formen* der Heizschleifen und der Härtezonen wichtig, weil sie die Gestaltung des magnetischen Feldes wesentlich beeinflussen. Auch die *Frequenz* und die *Werk-*

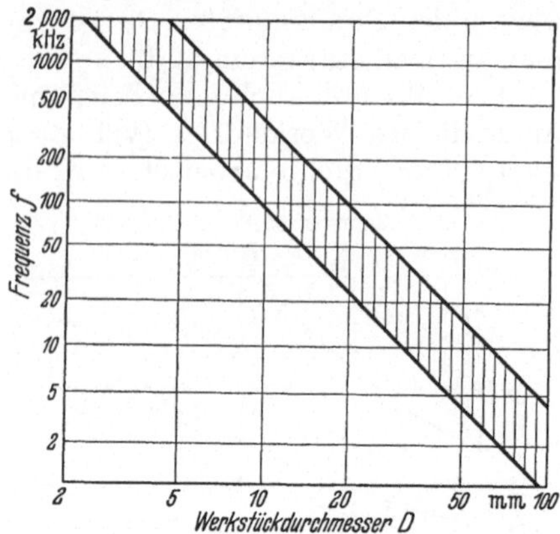

stückabmessungen haben großen Einfluß. Die Frequenz bestimmt nach Abschn. 6 die Eindringtiefe der induzierten Ströme, und zur vollkommenen Ausbildung des Feldes ist es notwendig, daß die Werkstückdicke größer ist als die Eindringtiefe der induzierten Ströme. Der beste Wirkungsgrad wird beim Erwärmen von Stahl erreicht, wenn der Werkstückdurchmesser mind. 5 bis 10mal so groß ist, wie die erzielte Eindringtiefe. Abb. 6 stellt die Abhängigkeit der Mindestfrequenz vom Werkstückdurchmesser unter Zugrundelegung des günstigsten Verhältnisses zur Erreichung des höchsten Wirkungsgrades dar. Die gewählte Frequenz sollte etwa in dem angegebenen Band liegen. Eine exakte Angabe ist nicht möglich, weil

Abb. 6. Richtwerte für die günstigste Frequenz. (Untere Frequenzgrenze bei günstigstem Wirkungsgrad für Stahl bei 900° C und $\delta/D \leq$ 1/5 bis 1/10.)

noch andere Faktoren mitwirken. Bei Heizschleifen, die das Werkstück einschließen, kann ein Wirkungsgrad von 60 bis 90% erreicht werden. Bei Innenheizschleifen zum Härten von Bohrungen und bei Heizschleifen zum Härten ebener Flächen (beide arbeiten im „Außenfeld") werden Wirkungsgrade von 30 bis 60% erzielt. Falls nur ein einzelner Heizleiter wirksam wird, liegt der Wirkungsgrad noch niedriger.

III. Energiequellen.
A. Wahl der Frequenz.

Wechselströme mit der Netzfrequenz von 50 Hz kann man zum Oberflächenhärten nur bei außerordentlich großen Werkstücken mit sehr großen Härtetiefen verwenden. Während des Krieges wurden mit solchen Wechselströmen Panzerplatten gehärtet. Eine wirtschaftliche Anwendung dieser Ströme ist auch zum Durchwärmen (Schmieden) erst oberhalb eines Durchmessers von etwa 15 cm möglich. Bei den Werkstückdurchmessern und Härtetiefen, die bei der Oberflächenhärtung in Frage kommen, braucht man höhere Frequenzen und zu ihrer Erzeugung besondere Energiequellen oder Generatoren.

Diese Generatoren unterscheiden sich vor allem durch die Frequenz der erzeugten Ströme. Man trennt grundsätzlich *zwei große Frequenzbereiche*. Der eine reicht von etwa 500 Hz bis 10 000 Hz. Die Ströme werden in diesem Frequenzbereich von umlaufenden Umformern erzeugt (in Amerika bis zu 25 kHz). Man bezeichnet diese Frequenzen als *Mittelfrequenzen*, neben der Niederfrequenz, die unsere gebräuchliche Netzfrequenz von 50 Hz einschließt. Darüber kommt man dann zur *Hochfrequenz*, die in den gebräuchlichen Fällen bei etwa 100 bis 200 kHz beginnt. Der Bereich der zum Härten verwendeten Hochfrequenzen reicht bis etwa 2,5 MHz. Für Sonderfälle (Mikro-Induktionshärtung) werden noch höhere Frequenzen bis zu 30 MHz verwendet (Tabelle 1). Da in diesem Bereich auch die Rundfunksender arbeiten, nennt man diese Frequenz im Ausland auch Radiofrequenzen, während man dort unsere mittleren Frequenzen schon als Hochfrequenz bezeichnet.

Der zur induktiven Heizung verwendete Frequenzbereich umfaßt die Wellenlängen von 3000 m bis zur Ultrakurzwelle mit etwa 10 m, wenn man sich der Ausdrucksweise der Nachrichtentechnik bedienen will.

Tabelle 1. *Anwendungsgebiet der Frequenzbereiche beim Oberflächenhärten.*
Die angegebenen Richtwerte (5 bis 7) können unter Berücksichtigung der Wirtschaftlichkeit ohne Schwierigkeit erreicht werden, liegen aber teilweise nicht im Bereich des besten Wirkungsgrades (Abb. 6).

1	2	3	4	5	6	7	8
Bezeichnung des Frequenzbereiches	Energiequellen	Arbeitsfrequenz	Eindringtiefe für Stahl bei 1000° C	Kleinste Härtetiefe	Größte Härtetiefe	Kleinster Werkstückdurchmesser	Anlagekosten der Energiequelle (s. S. 62)
			mm	mm	mm	mm	DM/kW
Netzfrequenz	Wechselstromnetz	50 Hz	75	—	—	300	200—400
Mittelfrequenz	Maschinen-Umformer	0,5—10 kHz	20—6	1,5	werkstoffbedingt	15	500—800
Hochfrequenz	Röhren-(Funkenstrecken)generatoren	100—2500 kHz	1—0,3	0,2	2—3	1—2	1200—3000
Hochfrequenz	Impuls-Röhrengeneratoren	30 MHz	0,1	0,01	0,1	0,5—1	—

Über die Wahl der richtigen *Arbeitsfrequenz* eine eindeutige Bestimmung zu treffen ist nicht immer möglich. Zunächst ist sie physikalisch von der *Werkstückgröße* und von der geforderten *Härtetiefe* abhängig. Kleine Werkstücke kann man überhaupt nur mit Hochfrequenz bei einem wirtschaftlichen Wirkungsgrad erwärmen und vor allem oberflächenhärten. Die Grenze liegt bei einem Durchmesser von etwa 15 mm. Man kann z. B. eine Nadel in einem Hochfrequenzfeld von 500 kHz überhaupt nicht auf Härtetemperatur erwärmen, sondern muß die Frequenz für solche Werkstücke beträchtlich erhöhen. Es spielt hier das Verhältnis der Eindringtiefe zum Werkstückdurchmesser eine Rolle (Abschn. 10). Nach der anderen Richtung ist es bedeutend schwieriger, eine Grenze zu nennen. Die physikalisch begründete Eindringtiefe übt nur teilweise einen Einfluß auf die erzielte Härtetiefe aus. Mindestens die gleiche Bedeutung kommt der dem Werkstück zugeführten *spezifischen Leistung* zu. Man wird grundsätzlich sagen können, daß man für größere Werkstücke mit großen Härtetiefen besser mit Mittelfrequenz arbeitet. Die Grenze kann man etwa bei Härtetiefen von 1,5 mm setzen. Es ist aber, wenn man vom Wirkungsgrad absieht, möglich, sowohl kleinere Härtetiefen mit mittlerer Frequenz bei großer spezifischer Leistung als auch größere Härtetiefen mit Hochfrequenz zu erzielen. Es spielen dann die *Nebenfaktoren*, wie die Betriebsart, der Aufstellungsort und die Form des Werkstückes oder die Größe der Härtezone eine bestimmende Rolle. So können z. B. Röhrengeneratoren in jedem Fertigungsbetrieb unmittelbar in der Fertigung aufgestellt werden, während man die umlaufenden Umformer in den meisten Fällen wegen ihres Geräusches in einem besonderen Raum unterbringen muß. Eine wesentliche Bedeutung kommt auch dem Unterschied in den Anschaffungskosten zu. Aus diesem Grunde wird man z. B. bei größeren Werkstücken und größeren Leistungen die Mittelfrequenz-Umformer wählen.

B. Funkenstrecken-Generatoren.

Die hochfrequenten Ströme werden mit Funkenstrecken- oder mit Röhrengeneratoren erzeugt. Funkenstrecken-Generatoren wurden ursprünglich auch in der Nachrichtentechnik verwendet. Sie wurden nach ihrer Weiterentwicklung auch für industrielle Zwecke anwendbar. Insbesondere wurde die Vielzahl der früher verwendeten Funkenstrecken durch eine einzige Funkenstrecke besonderer Konstruktion — eine Blasfunkenstrecke — ersetzt.

Bei diesen Generatoren (Abb. 7) wird die hohe Schwingungszahl von 200 bis 500 kHz auf folgende Art erzeugt: Hochgespannter Wechselstrom lädt eine Kondensatorenbatterie auf, die parallel zur Funkenstrecke liegt. Wenn die Zündspannung der Kondensatorenbatterie erreicht ist, tritt in der Funkenstrecke ein Überschlag auf. Durch das rasch aufeinanderfolgende Zünden und Löschen der Funkenstrecke entstehen in dem parallelgeschalteten Schwingkreis hochfrequente Schwingungen, die über Anpassungsglieder in das Werkstück

Abb. 7. Hochfrequenz-Funkengenerator 35 kW.
(SCHOPPE & FAESER, Minden)

übertragen werden. Durch einen mit Schallgeschwindigkeit strömenden Luftstrom wird der Funkenüberschlag beeinflußt und gelöscht.

Es sind eine Anzahl derartiger Generatoren mit mittleren Leistungen (etwa 30 kW) im Gebrauch. Ihr Hauptvorteil besteht in den im Vergleich zu den Röhrengeneratoren geringeren Anschaffungskosten und in ihrer Unempfindlichkeit. Neben anderen Schwierigkeiten liegt der Hauptnachteil dieser Generatorenart in der großen Störfeldstärke und in der Schwierigkeit, die auf das Netz übergehenden hochfrequenten Ströme ausreichend zu drosseln, um Funk-Störungen über das Netz zu vermeiden. Die neuen Vorschriften der Bundespost zum Schutze der Nachrichtendienste haben die Anwendung praktisch unmöglich gemacht. Als weitere Erzeuger hochfrequenter Ströme kommen daher praktisch nur noch die *Röhrengeneratoren* in Betracht (s. Abschn. D).

C. Mittelfrequenz-Anlagen.

11. Umformer. Die mittleren Frequenzen werden von umlaufenden Umformern erzeugt. Es gibt bei diesen Generatoren verschiedene Ausführungsformen; das Grundprinzip ist aber überall das gleiche. Der Umformer besteht aus dem Generator und dem Antriebsmotor. Es setzt sich immer mehr die Bauart durch, bei der Motor- und Generator-Läufer auf der gleichen Welle sitzen und beide in einem Gehäuse untergebracht sind. Nur bei ganz großen Generatoren (etwa 200 kW) werden allgemein Motor und Generator als getrennte Maschinen gebaut und auf einem Rahmen gekuppelt. Man unterscheidet weiter die Bauarten mit *senkrechter* und mit *waagerechter* Welle. Für die senkrechten Maschinen wird grundsätzlich die Eingehäuseausführung, dagegen bei den waagerechten auch die Ausführung mit geteiltem Gehäuse verwendet. Neben Lagerfragen spielt bei der Beurteilung der beiden Arten die Raumausnützung eine Rolle.

Als *Antriebsmotoren* werden Asynchronmotoren mit Kurzschlußläufer, meist als Doppelnut-Sonderläufer, verwendet. Bei 10 000 Hz beträgt die Drehzahl immer 3000 U/min. Der Läufer des *üblichen Synchrongenerators* enthält Pole, die die Erregerwicklung tragen. Am Umfang des Läufers folgen sich also Pole mit wechselnder Polarität und induzieren im Ständer einen Wechselstrom der gewünschten Frequenz. Es besteht die einfache Beziehung:

$$f = p\,n/60 \,. \tag{2}$$

Darin ist p die Zahl der Polpaare und n die Drehzahl des Läufers in U/min. Die erzeugte Frequenz ist auch durch die Beziehung bestimmt:

$$f = \frac{v}{2\,t_p} \,, \tag{3}$$

wenn $v =$ Umfangsgeschwindigkeit (cm/s), $t_p = \pi\,D/2\,p =$ Polteilung, $D =$ Läuferdurchmesser (cm).

Die Läuferumfangsgeschwindigkeit bestimmt die obere Frequenzgrenze, da die Polteilung nicht unbeschränkt verkleinert werden kann. Die Drehzahl wird möglichst hoch gewählt, da man so den kleinsten Läuferdurchmesser bei gegebener Umfangsgeschwindigkeit erhält. Bei der üblichen Unterbringung der Erregerwicklung im Läufer wird die Umfangsgeschwindigkeit so begrenzt, daß man diese Maschinen nur bis zu Frequenzen von etwa 1 kHz verwenden kann.

Für *höhere Frequenzen* wird allgemein die *Gleichpolausführung* (Abb. 8) angewendet. Hier ist die Wicklung, in der der höherfrequente Strom induziert wird, in zwei Paketen (c) in Axialnuten des Ständers untergebracht. Die Erregerwicklung liegt als konzentrischer Ring entweder, und zwar in der Regel, ebenfalls im Ständer (e in Abb. 8) oder in gleicher Weise um den Anker herum. In diesem Falle sind Schleifringe nötig. Der Läufer ist massiv aus Dynamo-Stahlguß oder aus Blechen hergestellt, in beiden Fällen am Umfang gezahnt. Bei mittleren Leistungen überwiegt die Ausführung mit massivem Läufer. Der magnetische Fluß hat am ganzen Umfang eines Läuferzahnkranzes die gleiche Richtung,

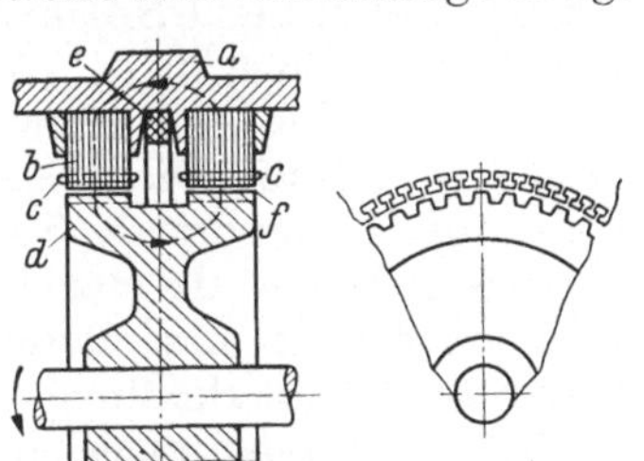

Abb. 8. Prinzip eines Gleichpolgenerators. a Ständergehäuse, b Ständerblechpaket, c induzierte Wicklung in halbgeschlossenen Nuten, d Läufer mit Zahnkränzen, e Erregerwicklung, f Luftspalt.

Abb. 9. Wassergekühlter Mittelfrequenz-Umformer. 25 kW, 10 kHz, völlig geschlossen mit senkrechter Welle. Höhe 750 mm, Dmr. 620 mm. (Werkbild: EMA, Hirschhorn.)

also ein Zahnkranz lauter Nord-, der andere lauter Südpole, und gab damit der Maschine den Namen. Er tritt in den einen Zahnkranz des Läufers ein und aus dem zweiten Zahnkranz wieder aus. Durch die Zahnung wird ein Wellenfluß erzeugt. In der Ständerwicklung wird eine Spannung induziert, deren Größe vom Erregerstrom und vom Luftspalt abhängig ist. Der Luftspalt liegt immer unter 1 mm. Die Zähnezahl entspricht der Polpaarzahl der gewöhnlichen Synchronmaschine und bestimmt die Frequenz. Die Zahnform bestimmt die Kurvenform des Wechselstromes. Mit $z =$ Läuferzähnezahl ist

$$f = z\,n/60 \,. \tag{4}$$

Bei z. B. $n = 3000$ U/min und einer Zähnezahl $z = 200$ am Umfang des Läufers entsteht eine Frequenz von 10 kHz.

Man hat mit dieser Maschinenart schon Frequenzen bis zu 25 000 Hz erzeugt. Da aber eine Erhöhung der Frequenz von 10 kHz auf 25 kHz bei der Anwendung zum Härten keine besonderen Vorteile bietet, ist die übliche Grenzfrequenz der umlaufenden Umformer 10 kHz.

In den Generatoren treten infolge der hohen Frequenz beträchtliche *Verluste* auf, die eine starke Kühlung erfordern. Durch die dabei auftretenden großen Kühlluftgeschwindigkeiten werden Geräusche verursacht, die es unmöglich machen, derartige Maschinen in der

Abb. 10. Mittelfrequenz-Umformer. Luftgekühlt, 100 kW, 10 kHz in Eingehäuseausführung. (Werkbild: BAUKNECHT, Stuttgart[1].)

Abb. 11. Ständer eines Mittelfrequenzumformers. (BAUKNECHT.)

Fertigungsstraße aufzustellen. Die umgewälzte Luftmenge beträgt für einen 50 kW-Generator etwa 2 m^3/s. Man ist deshalb in den USA und auch schon in Deutschland auf wassergekühlte Maschinen übergegangen (Abb. 9). Dadurch werden die Geräusche beträchtlich herabgesetzt. Die Abb. 10 und 11 zeigen Außenansicht und Ständer eines luftgekühlten Umformers. Die Ausführung der Luftkühlung hängt von den Verhältnissen am Aufstellungsort ab. Teilweise sind Kanäle nötig, die ins Freie führen, teilweise auch Luftfilter. In manchen Fällen reicht auch die Eigenbelüftung nicht aus. Es können dann besondere Lüfter und auch Rückkühlanlagen notwendig werden. Bei Wasserkühlung kann man Frischwasser oder auch eine Umlaufanlage verwenden (s. Abschn. IV, 32, S. 37).

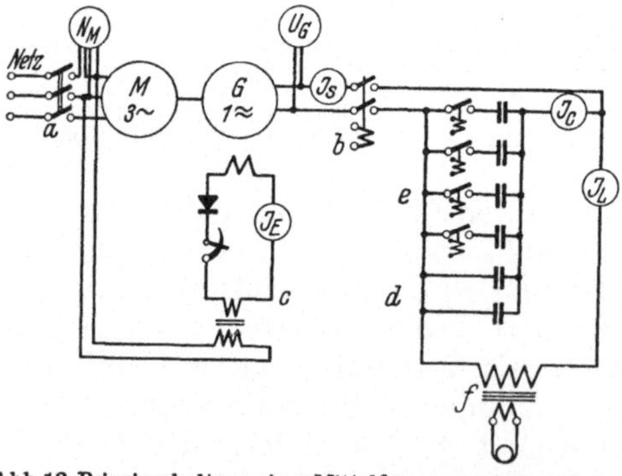

12. Zubehör zum MF-Umformer (Abb. 12 bis 15). Die Schalt- und Meß-Einrichtungen zum Betrieb des Umformers werden im Schaltschrank untergebracht, ebenso die Kondensatoren zum Ausgleich der Blindströme. Die *Schaltanlage* enthält den Schalter für den Motor und die Meßinstrumente für die aufgenommene und für die abgegebene Leistung, die Meßinstrumente für den Generatorstrom, für den Erregerstrom und für die Generatorspannung. Ferner ist der Gleichrichter für den Erregerstrom mit dem zugehörigen

Abb.12. Prinzipschaltung einer Mittelfrequenzanlage. *a* Motorschalter. *b* Leistungsschalter, *c* Erregerkreis mit Gleichrichter und Regler, *d* Festkondensatoren, *e* schaltbare Zusatzkondensatoren zum Blindstromausgleich, *f* Glühübertrager mit Heizschleife.

Regelwiderstand eingebaut. Für gleichmäßiges Arbeiten ist ein selbsttätiger Regler, der nach dem Tirillsystem oder elektronisch arbeitet, von Vorteil.

---

[1] Die Firmenbezeichnungen werden nur das erste Mal ausführlich, bei Wiederholungen gekürzt angegeben.

Die *Kondensatorenbatterie* hat die Aufgabe, den induktiven Widerstand des ganzen Systems der Härteeinrichtung vom Generator bis zur Heizschleife *einschließlich Werkstück* auszugleichen. Es werden sowohl parallelgeschaltete als

Abb. 13. Schaltschrank für Induktions-Kurbelwellen-härteanlage. (AEG-ELOTHERM, Berlin/Remscheid.)

Abb. 14. Schaltschrank für Induktionshärteanlage. Innenansicht mit Ausgleichskondensatoren. (Werkbild: AEG-ELOTHERM.)

auch in Reihe geschaltete Kondensatoren sowie gemischte Schaltungen verwendet [9]. Die Kondensatoren sind für etwa die fünffache Generatorleistung ausgelegt. Die Einzelkondensatoren sind in feinen Stufen durch Druckknöpfe zu- und abschaltbar, da ja der Heizschleifenwiderstand der jeweiligen Aufgabe entsprechend verschieden ist. Der richtige Ausgleich ist an einem Meßinstrument ablesbar; zur Voreinstellung eines bereits erprobten Ausgleichs sind auch Wahlschalter verwendbar. Ein weiterer Bestandteil des Schaltschrankes ist ein Leistungsschalter zum kurzzeitigen Einschalten der Generatorleistung, der zur Erzielung ganz kurzer Zeiten meist in einer Kunstschaltung arbeitet, wenn man nicht mehr mit dem Erregerstrom schalten kann. Sicherungs- und Verblockungselemente sorgen dafür, daß auch bei Fehlbedienung dem Umformer keine Gefahr erwächst.

Abb. 15. Kondensatorenwagen für Mittelfrequenzanlage 10 kHz. (Werkbild: SIEMENS-SCHUCKERT, Erlangen.)

D. Röhrengeneratoren.

HF-Röhrengeneratoren (Abb. 16, 17, 18) wurden bereits bis zu Ausgangsleistungen von 200 kW hergestellt. Die meisten Hersteller fertigen heute Generatoren in den Leistungsstufen 1, 3 (4), 6, 10, 20, 25 und 40 (50) kW reihenmäßig (Abb. 19) und liefern Generatoren höherer Leistungen als Sonderfertigung. Der Frequenzbereich erstreckt sich von 100 kHz bis 2,5 MHz. Zur Härtung größerer Werkstücke, wie sie etwa im Maschinenbau anfallen, verwendet man hauptsächlich die Frequenz von rd. 500 kHz (Abb. 21 u. 22); bei kleineren Werkstücken wählt man etwa 1 MHz (Abb. 20). Teilweise wird auch einheitlich eine höhere Frequenz angewendet, und in Sonderfällen, etwa bei der Mikro-Induktionshärtung (Abschn. IV F, S. 40), arbeitet man mit außergewöhnlich hohen Frequenzen. Im allgemeinen kommt der Frequenzwahl innerhalb des genannten Bereiches keine große Bedeutung zu. Mit den Frequenzen zwischen 500 kHz und 1 MHz kann man die meisten Härteaufgaben bewältigen. Zur Bestimmung der gewünschten Härtetiefe kommt der spezifischen Leistung (Abschn. 8, S. 7) eine ausschlaggebende Bedeutung zu. Die Anforderungen an einen Röhrengenerator unterscheiden sich in wesentlichen Punkten von denen, die man an die Sender der Nachrichtentechnik stellen muß. Die Industrie-Generatoren müssen dem rauhen Betrieb gewachsen sein und auch bei der Bedienung durch angelernte Kräfte einwandfrei und betriebssicher arbeiten. Größter Wert wird auf einfache

Abb. 16. HF-Röhrengenerator 4 kW; 2,5 MHz. Innenansicht. Links unten Gebläse zur Luftkühlung der Senderöhren, rechts unten Stromversorgungsteil, rechts oben Steuerungsteil, links oben HF-Teil, oben Glühübertrager mit Schwingkreis. Der Sender ist nach dem Baukastenprinzip angeordnet (Röhren ausgebaut). (Werkbild: BROWN-BOVERI, Dortmund.)

Abb. 17. Blockschema eines Röhrengenerators. Der Anodenspannungstransformator ist angezapft, die Gleichrichterröhren sind in Dreiphasen-Doppelwegschaltung geschaltet. Die Senderöhren arbeiten im Gegentakt. C_S Schwingkreiskondensator, L_P Primärwicklung des Glühübertragers, L_S Sekundärwicklung, C_R Rückkopplungskondensatoren, T_E Anschluß der Tasteinrichtung, L_G, R_G, C_G Schaltelemente des Gitterkreises, C_A Anodenkopplungskondensator, L_A Anodendrossel. R, S, T Netzanschluß.

Bedienung, Unempfindlichkeit im Betrieb, lange Lebensdauer der Bauelemente und Wiederholbarkeit der Ergebnisse gelegt. Die Hauptteile eines Röhrengenerators sind der *Oszillator* oder *Schwingungserzeuger*, der *Gleichrichter*, die *Steuerungseinrichtung* und der *Anpassungstransformator*.

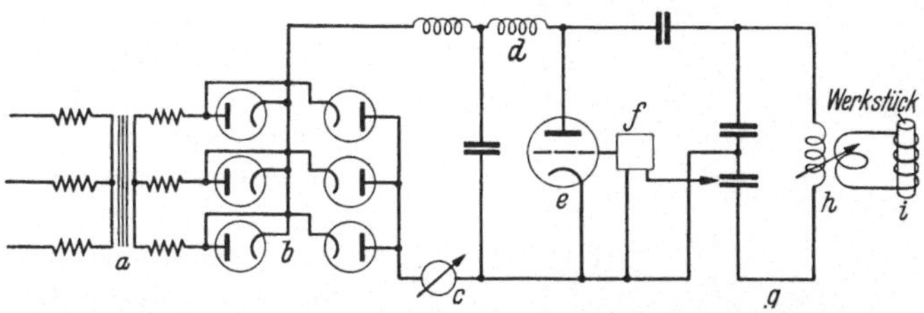

Abb. 18. Prinzipschaltbild eines Röhrengenerators mit Gitterregelung und regelbarem HF-Transformator. *a* Hochspannungstransformator, *b* Gleichrichter, *c* Leistungsmesser, *d* Siebung, *e* Generatorröhre, *f* selbsttätiges Gitterregelgerät, *g* Schwingkreis, *h* HF-Transformator mit verstellbarer Kopplung, *i* Werkstück. (Werkbild: PHILIPS ELEKTRO SPEZIAL GmbH, Hamburg.)

13. Schwingungserzeuger [3]. a) Schwingkreis.

Der Schwingungserzeuger (vgl. Abb. 17 u. 18) besteht aus einem Schwingkreis (*g* in Abb. 18) und einer Senderöhre (*e* in Abb. 18). Unter Schwingkreis versteht man eine Reihen- oder Parallelschaltung eines Kondensators und einer Drosselspule, zu denen in der bildlichen Darstellung noch ein Widerstand hinzugefügt wird, der die Verluste verkörpert. Der aufgeladene Kondensator entlädt sich über die Drosselspule und den Verlustwiderstand und erzeugt dabei an der Spule eine EMK (Elektromotorische Kraft). Durch den dadurch aufrechterhaltenen Strom wird der Kondensator mit entgegengesetzter Polung wieder aufgeladen und die Entladung beginnt von Neuem. Es wird eine Schwingung erzeugt, die

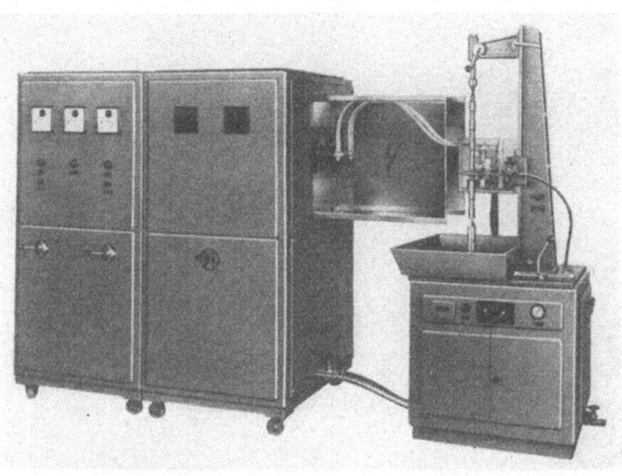

Abb. 19. HF-Röhrengenerator 40 kW, 500 kHz mit Universal-Härtemaschine. (Generator: Bauart HÜTTINGER, Freiburg, Härtemaschine: Fritz DÜSSELDORF, Freiburg.)

durch den Verlustwiderstand abklingt. Einen derartigen Schwingkreis kann man gut mit einem mechanischen Schwingungssystem vergleichen. Bei der Unruhe einer Uhr z. B. entspricht die Schwungmasse der Drosselspule im elektrischen Kreis und die Spiralfeder dem Kondensator. Die Frequenz ist von den Bauelementen, dem Kondensator und der Spule, abhängig. Es gilt die Gleichung:

$$f_0 = \frac{1}{2\pi\sqrt{LC}} \quad \text{(THOMSONsche Schwingungsgleichung)}. \tag{5}$$

Darin ist f_0 die Resonanzfrequenz, auf die der Schwingkreis abgestimmt ist, L die Induktivität der Spule, C die Kapazität des Kondensators.

Die entstehenden Schwingungen klingen um so schneller wieder ab, je größer der Verlustwiderstand des Kreises ist. Wenn man diesen Verlust mit Hilfe einer

Abb. 20. HF Röhrengenerator 10 kW, 1 MHz. Leistung ist stufenlos einstellbar von 2 bis 10 kW. Leistungsaufnahme aus dem Netz 22 kW, cos φ = 0,85, Leerlauf 2,5 kW. Röhren: 2×TBW 6/6000 und 6×DCG 5/5000. Abmessungen: Höhe 160 cm, Breite 130 cm, Tiefe 90 cm. (Werkbild: PHILIPS.)

richtig angeordneten Wechselspannung ausgleicht, bleibt die Schwingung erhalten. Zu dieser „Entdämpfung" verwendet man Elektronenröhren. Ein Teil der Schwingkreisspannung wird dem Gitter einer Röhre zugeführt, deren HF-Wechselspannung dann den Schwingkreis entdämpft [4].

Der Schwingkreis ist meist aus einer Anzahl verlustarmer keramischer Kondensatoren aufgebaut, deren Größe und Schaltung die Frequenz bestimmt. Als Induktivität dient ganz oder teilweise die Primärwicklung des Anpassungstransformators (h in Abb. 18), der bei der Anwendung zum Härten meistens nicht entbehrt werden kann.

b) Senderöhren. Die in den Industriegeneratoren verwendeten Senderöhren sind Sonderröhren, meist Trioden (Abb. 23), die dem Verwendungszweck und seinen Anforderungen besonders angepaßt sind.

Eine *Elektronenröhre* besteht aus einem luftleer gepumpten Glasgefäß, in das die Kathode und die Anode eingeschmolzen sind. Die Kathode besteht aus einem Werkstoff, der bei Erhitzung Elektronen abgibt. Man kann den Kathodenwerkstoff unmittelbar oder mittelbar erwärmen (heizen). Wenn man dann an die Kathode eine negative und an eine gegenüberliegende Elektrode, die Anode, eine positive Spannung anlegt, bewegen sich die Elektronen auf die Anode zu und erzeugen so einen Elektronenstrom, der sich auch in den äußeren Schlatelementen fortsetzt. Zwischen Anode und Kathode können eine oder mehrere zusätzliche Elektroden (Gitter) angebracht werden, die mit Hilfe angelegter Spannungen den Elektronenstrom praktisch leistungslos steuern. Röhren mit einem Steuergitter nennt man Trioden.

Man unterscheidet Röhren, deren Anode *luftgekühlt* ist, von solchen, die mit *Wasserkühlung* arbeiten. Im ersten Falle ist ein Gebläse nötig und bei wassergekühlten Röhren verwendet man zweckmäßig eine Umlaufanlage, die reines, vielfach auch destilliertes

Abb. 21. HF-Röhrengenerator 25 kW, 500 kHz. Links Rückkühleinrichtung für den Kühlwasserkreis der Senderöhre, des Glühübertragers und der Heizschleife. Rechts Senderteil. (Werkbild: AEG-ELOTHERM.)

Wasser durch das Kühlsystem der Röhre pumpt. Für die Lebensdauer einer Röhre werden vom Hersteller meistens 2000 Stunden gewährleistet. Die Durchschnittslebensdauer ist aber beträchtlich höher.

Die Röhren unterscheiden sich noch durch den Werkstoff, aus dem die *Kathode* hergestellt ist. Besteht diese aus thoriertem Wolfram (Wolfram, mit Thorium

Abb. 22. HF-Generator 10 kW, 500 kHz.
(Werkbild: SIEMENS.)

Abb. 23. Luftgekühlte Sendetriode. Anodenverlustleistung 20 kW, Kathode Wolfram, Heizspannung 15 V, Heizstrom 140 A, Gesamthöhe 570 mm, größter Dmr. 400 mm. (Werkbild: BROWN-BOVERI.)

legiert), muß man für eine gleichbleibende Heizspannung sorgen, wenn man die Lebensdauer der Röhre nicht verkürzen will. Im anderen Falle verwendet man reines Wolfram. Hier kann man durch Unterheizen, bei allerdings herabgesetzter Ausgangsleistung, die Lebensdauer einer Röhre beträchtlich steigern. Röhren mit Reinwolfram-Kathoden haben einen größeren Heizleistungsbedarf.

Wenn die Röhren entsprechend den Vorschriften des Herstellers behandelt werden, sind sie im Rahmen ihrer Lebensdauer ebenso unempfindliche Bauteile wie z. B. Kondensatoren oder Widerstände. Man muß vor allem die Vorschriften für die Kühlung beachten und Erschütterungen im Betrieb vermeiden.

c) **Schwingkreisschaltung.** Der Schwingungserzeuger, bestehend aus Schwingkreis und Röhre, arbeitet in einer einstufigen, selbsterregten Rückkopplungsschaltung. Ein Teil der Schwingkreisspannung wird meist in der sogenannten COLPITTS-Schaltung an einem kapazitiven Spannungsteiler abgegriffen und dem Gitter der Senderöhre wieder zugeführt.

Die Senderöhre ist nun so zu schalten, daß ein hoher Wirkungsgrad erreicht wird und die Röhre vor Überlastung geschützt ist. Man stellt dazu den Arbeitspunkt der Röhre, das ist ein Punkt auf der Röhrenkennlinie, der durch ganz bestimmte zugeordnete Spannungswerte erreicht wird, so ein, daß die Röhre im sogenannten C-Betrieb arbeitet (Arbeitspunkt weit im Bereich negativer Gitterspannung). Darüber hinaus muß die Röhre auf einen ganz bestimmten Außenwiderstand arbeiten, den man gleich dem Grenzwiderstand der Röhre macht.

Unter *Grenzwiderstand* versteht man den Widerstand, bei dem die Röhre im Grenzgebiet zwischen dem sogenannten unterspannten und dem überspannten Zustand arbeitet. Bei unterspanntem Betrieb wird der Wirkungsgrad klein, während im überspannten Gebiet die HF-Spannung unzulässig hohe Werte annehmen und auch die Röhre durch hohe Gitterströme gefährdet werden kann.

Der *Außenwiderstand* wird am Schwingkreis gebildet. Den wesentlichen Teil der Schwingkreis-Induktivität stellt fast immer die Primärwicklung des Glühübertragers dar. Durch die Rückwirkung des Werkstückwiderstandes ist die Induktivität dieser Wicklung nicht gleichbleibend anzusetzen. Man kann nun so vorgehen, daß man den Resonanzwiderstand des Schwingkreises durch Verändern der Schwingkreiskapazität oder -induktivität der jeweiligen Härteaufgabe und Heizschleife anpaßt oder indem man den Anpassungsübertrager so bemißt, daß er in weitem Bereich den Anforderungen genügt. Beide Lösungen werden angewendet. Alle verfolgen das Ziel, Generatoren zu schaffen, die bei den wechselnden Arbeitsbedingungen und Werkstückgrößen selbsttätig und betriebssicher möglichst die volle Nennleistung an den Ausgangsklemmen abgeben.

Wird z. B. der Schwingkreis so abgestimmt, daß bei noch kaltem Werkstück die Röhre im unterspannten Gebiet arbeitet, dann nimmt der Außenwiderstand erst beim Durchlaufen der CURIE-Temperatur, bei der sich die Werkstückdaten stark ändern (s. Abschn. 6, S. 6) den gewünschten Wert an, so daß die volle Leistung zur Verfügung steht. Die Vergrößerung der Eindringtiefe des HF-Stromes bei der CURIE-Temperatur verringert die Gefahr der Überhitzung, wenn diese auch im allgemeinen wegen der kurzen Heizzeiten nur geringe Bedeutung hat.

Der Änderung der Induktivität des Schwingkreises als Folge der Änderung der Werkstückdaten beim Aufheizvorgang begegnet der selbsterregte Generator durch eine Frequenzänderung, die 10 bis 30% betragen kann. Der Kreis bleibt so in gewissen Grenzen abgestimmt, ein Nachstimmen ist nicht nötig. Die Frequenzänderung selbst hat keinen störenden Einfluß auf die Arbeitsweise des Generators. Der Bau frequenzstabilisierter Sender, die auf den sogenannten Industriefrequenzen arbeiten (s. Abschn. III, F, S. 22), bedeutet einen größeren Aufwand und dürfte sich kaum zweckmäßig erweisen.

Bei der Auslegung des Schwingkreises ist zu beachten, daß der Generator auch noch einen wesentlichen Anteil an Blindleistung mit aufbringen muß. Dieser Anteil entsteht einmal durch die Phasenverschiebung von Strom und Spannung im Werkstück und dann zu einem wesentlichen Teil durch die Streuwiderstände im Glühübertrager und vor allem zwischen Heizleiter und Werkstück. Dieser letztgenannte wesentliche Anteil ist abhängig von der Kopplung zwischen Heizleiter und Werkstück, die man ja nicht unbegrenzt durch Verkleinern des Luftspaltes verbessern kann. An dieser Stelle können Eisenbleche oder HF-Eisenkerne Vorteile bringen. Man wird an den Klemmen des Anpassungsübertragers kaum einen besseren Leistungsfaktor als 0,1 erzielen können und so im Generator Scheinleistungen von der etwa 30fachen Größe der Wirkleistung aufbringen müssen. Für diese und höhere Scheinleistungen müssen die Schwingkreiskondensatoren ausgelegt werden [*3*].

14. Gleichrichterteil. Die zum Betrieb der Senderöhren notwendige hohe Gleichspannung wird im Gleichrichter erzeugt. Es handelt sich dabei um Gleichspannungen in der Größenordnung von 10 kV. Man verwendet hier *Hochspannungs-*

Quecksilberdampfröhren[1], meist Dioden, in manchen Fällen auch Trioden. Die Röhren werden in einer Ein- oder Dreiphasen-Doppelwegschaltung geschaltet. Die erforderliche hohe Wechselspannung liefert ein Transformator, der in Stufen angezapft ist und es so ermöglicht, die Ausgangsleistung des Generators durch Verändern der Anodengleichspannung zu verstellen. Eine stufenlose Verstellung ist beispielsweise auch durch Verwenden gittergesteuerter Gleichrichterröhren möglich. Die Gleichrichterröhren sind luftgekühlt und haben etwa die gleiche Lebensdauer wie die Schwingkreisröhren (Senderöhren). Besondere Glättungsglieder sind für den Gleichstrom nicht nötig. Der Wirkungsgrad eines Gleichrichters kann 95% erreichen.

Bei Sendern mit kleinen Leistungen kann man die Senderöhren auch mit Wechselspannung speisen und so den Gleichrichter weglassen. Bei größerer Leistung ist diese Schaltart nicht möglich; sie wäre auch nicht wirtschaftlich.

15. Steuerungseinrichtung. Der Steuerungsteil eines Röhrengenerators enthält zunächst die Schütze zur Betätigung der einzelnen Stromkreise. Der Heizstromkreis für die Röhren ist gegen den Anodenspannungskreis verblockt. Ein Einschalten der Anodenspannung ist zum Schutze der Quecksilberdampf-Gleichrichterröhren erst etwa eine Minute nach Einschalten der Heizspannung möglich. Eine weitere Verblockung sorgt dafür, daß ein Einschalten des Generators ohne vorherige Inbetriebsetzung der Wasser- oder Luftkühlung unmöglich ist. Weitere Sicherheitsvorrichtungen sind die Überstromsicherungen zum Schutze des Generators und der Röhre gegen Überlastungen, ferner Türkontakte, die ein Berühren der Hochspannung führenden Teile des Generators verhindern. Meßinstrumente sorgen für die Kontrolle des ordnungsgemäßen Betriebes des Generators. Spannungsmesser für die Netz- und für die Heizspannung sind bei allen Generatoren verhanden. Zur Beurteilung der abgegebenen Leistung dient meist ein Strommesser im Primärkreis des Anodenspannungstransformators. Der hier gemessene Strom ist proportional der abgegebenen Leistung. In Fällen, in denen ein veränderlicher Schwingkreis zum Anpassen des Widerstandes vorgesehen ist, werden Anpassungsanzeiger oder Instrumente vorgesehen, die den Hochfrequenzstrom messen und die Gitterwechselspannung und den Gitterstrom überwachen. Aus den Meßgrößen kann man dann bestimmen, ob der Arbeitskreis richtig abgestimmt ist.

Zum Einschalten der HF-Energie gibt es verschiedene Möglichkeiten. Eine besteht z. B. im Zuschalten der Anodengleichspannung. Sie ist nur anwendbar bei Verwendung gittergesteuerter Gleichrichterröhren. Üblich ist die fast leistungslose Steuerung oder „Tastung" des Senders durch Einführen einer negativen Sperrspannung von einigen 100 V, die am Gitter der Senderöhre angelegt wird. Sie verschiebt im ausgeschalteten Zustand den Arbeitspunkt der Röhre weit in den Bereich, in dem der Sender nicht schwingen kann. Zu ihrer Schaltung genügt ein einfacher Schützkontakt, der ein exaktes Ein- und Ausschalten der HF-Energie erlaubt. Mit Hilfe von trägheitslosen elektronischen Relais ist es möglich, Impulse von kürzester Zeitdauer zu erzeugen. In vielen Fällen genügt aber ein kleines Schütz üblicher Bauart, das dann von einem Fußkontakt betätigt werden kann.

---

[1] Eine Hochspannungs-Glühkathoden-Quecksilberdampf-Gleichrichterröhre enthält im luftleeren Glasgefäß eingeschmolzen ebenso wie die Senderöhre 2 Elektroden, die unmittelbar oder mittelbar geheizte Kathode und die Anode. Von der Kathode wandern die Elektronen zur Anode, die eine hohe positive Spannung führt. Es ist also ein Stromdurchgang nur in einer Richtung möglich. Der Glaskolben ist mit Quecksilberdampf gefüllt und enthält auch noch etwas flüssiges Quecksilber, das als Sicherheitszuschlag zur Aufrechterhaltung des Dampfdruckes dient. Infolge der Dampffüllung fließt nach der Zündung bei hoher Anodenspannung infolge von Jonisierung (Aufspalten von Gasatomen) ein starker Strom.

16. Anpassungsübertrager [3,4]. Zur Anpassung des Außenwiderstandes des Generators an den Werkstückwiderstand dient ein *Transformator*, der als *Anpassungsübertrager* oder auch als *Glühübertrager* bezeichnet wird (Abb. 24 u. 25). Seine Daten sind bestimmt durch den Widerstand R_{res}, auf den der Schwingkreis abgestimmt ist. Der Grenzwiderstand der üblicherweise verwendeten Röhren liegt in der Größenordnung von mehreren tausend Ohm. Beträgt z. B. $R_{res} = 2500$ Ohm, so würde bei einer angenommenen *Kreisgüte*[1] von $Q = 50$ der erforderliche Primärwiderstand R des Übertragers etwa 1 Ohm betragen. Die *Sekundärseite* wird bestimmt vom wirksamen Werkstückwiderstand. Er ist abhängig vom verwendeten Härteverfahren (Abschn. IVA, S. 23), von der Heizschleifenform, Eindringtiefe (Frequenz, Permeabilität, spezifischer Widerstand) und schließlich von den Werkstückabmessungen. Über den Transformator, der von *Heizschleife* und *Werkstück* gebildet wird, wird

Abb. 24. Glühübertrager für HF mit eingebautem Schwingkreis, auf 4 kW Röhrengenerator. (Werkbild: BROWN-BOVERI.)

dieser Werkstückwiderstand auf die Heizschleife übertragen. Die Größe dieses Widerstandes hängt ab von der Kopplung zwischen Heizleiter und Werkstück (dem Abstand zwischen beiden) und vom Übersetzungsverhältnis, das hier meist 1 : 1 ist. Dieser übertragene Werkstückwiderstand liegt in der Größenordnung von einigen Milliohm (mΩ). Wenn er z. B. $10\,\mathrm{m}\Omega = \dfrac{1}{100}\,\Omega$ beträgt, wird das Widerstandsverhältnis 100 : 1, denn der Primärwiderstand beträgt 1 Ω (s. o.). Da sich bei Transformatoren die Widerstände im Quadrat des Übersetzungsverhältnisses übertragen, so ergibt sich hier ein Verhältnis von 10 : 1 für den Glühübertrager des gewählten Beispieles.

Die *Primärspule* (z. B. Abb. 26) besteht aus einer Anzahl Windungen, im vorerwähnten Beispiel 10, aus Cu-Rohr. Die *Sekundärspule* wird von einer einzigen Windung, dem Sekundärmantel, gebildet, an die die Heizschleife angeschlossen wird. In der *Heizschleife* werden wegen der erforderlichen hohen spezifischen Leistung große Stromdichten (etwa 3000 bis 6000 A/cm²) wirksam. Aus diesem Grunde ist es nötig, die Heizschleife und die Sekundärspule mit Wasser zu *kühlen*. Für alle Wicklungen werden Kupferrohre verwendet, die von

---

[1] Die Kreisgüte Q liegt praktisch immer zwischen 40 u. 50 und ist ein Maß für die Verluste im Schwingkreis:
$$Q = \frac{1}{R}\sqrt{\frac{L}{C}} \ . \tag{6}$$

Der Resonanzwiderstand eines Schwingkreises ist $R_{res} = \dfrac{L}{CR}$. $\tag{7}$

Nach Gl. 6 ist $Q^2 = \dfrac{1}{R^2}\dfrac{L}{C}$, also $\dfrac{L}{C} = Q^2 R^2$. Setzt man diesen Wert in Gl. 7 ein, so erhält man $R_{res} = Q^2 R$ und daraus $R = \dfrac{R_{res}}{Q^2} = \dfrac{2500}{50^2} = 1\ \Omega$ (vgl. [3]).

Kühlwasser durchflossen sind. (Der Sekundärmantel erhält aufgelötete Kühlrohre oder wird doppelwandig ausgeführt.)

Wegen der hohen Primärspannung ist es nötig, für eine gute *Isolierung* zu sorgen und zwar sowohl zwischen den Primärwindungen als auch zwischen Primär- und Sekundärwicklung. Meist finden hier Keramikteile Verwendung. Abb. 27 zeigt einen Glühübertrager, dessen Primär- und Sekundär-Wicklung in Kunstharz eingegossen sind. Bei den Mittelfrequenzan-

Abb. 25. Mittelfrequenz-Glühübertrager. *1* fertiger Transformator, *2* Primärspule, *3* Teile der Sekundärspule, *4* lamellierter Eisenkern. (Werkbild: A EG-ELOTHERM.)

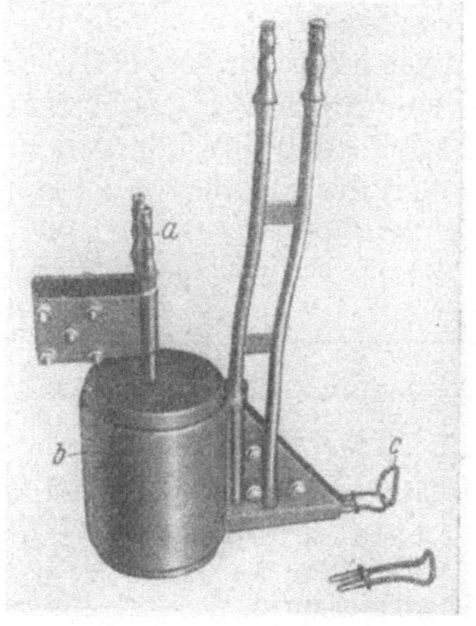

Abb. 26. HF-Glühübertrager. *a* Primäranschluß mit Kühlwasserzuführung, *b* Sekundärmantel, *c* Heizschleife. (Werkbild: A EG-ELOTHERM.)

lagen enthält der Übertrager in den meisten Fällen Eisenbleche zur Verringerung der Streuverluste. Bei Hochfrequenz werden teilweise Kerne aus HF-Eisen eingesetzt. Die Übertrager werden primärseitig durch Kupferbänder mit dem HF-Generator verbunden, sekundärseitig wird die Heizschleife angeschlossen. Es gibt auch Übertrager, für die sich die Bezeichnung Konzentrator (Abb. 28 u. 29) eingeführt hat. Hier wird die Heizschleife vom Sekundärmantel, der zu diesem Zwecke besonders geformt ist, ersetzt und so das Werkstück mit einer großen Kraftliniendichte unmittelbar erwärmt. Die Verwendung von derartigen Konzentratoren ist natürlich nur bei Härteanlagen möglich, die als Einzweckanlagen ausgeführt sind, da man nicht für jede Härteaufgabe einen besonderen Übertrager verwenden will.

Abb. 27. HF-Glühübertrager. Für Generatoren bis 25 kW Ausgangsleistung. Primär- und Sekundärwicklung in Kunstharz eingegossen. (Werkbild: A EG-ELOTHERM.)

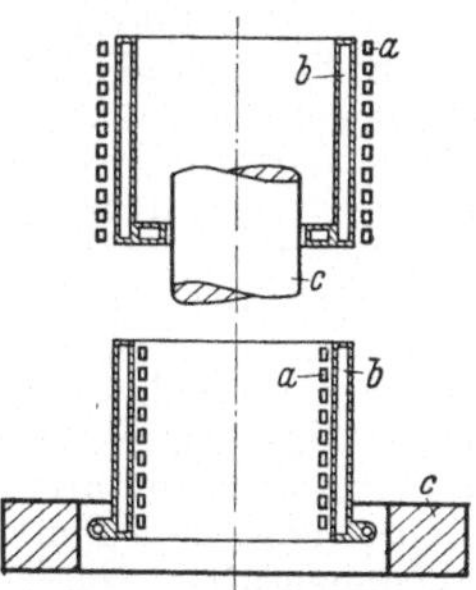

Abb. 28 u. 29. Konzentrator, oben (Abb. 28) zum Härten von Wellen, unten (Abb. 29) zum Härten von Bohrungen. *a* Primärwicklung, *b* Sekundärwindung, *c* Werkstück.

Der *Übertrager* ist ein wesentlicher Teil der Härteanlage, da seine richtige Auslegung für die Wirtschaftlichkeit des Verfahrens von besonderer Bedeutung ist. Er ist in der Mehrzahl der Fälle in die Härtemaschine eingebaut. Die Einkapselung verhindert eine Berührung der bei HF Hochspannung führenden Bauteile. Die niedrige Sekundärspannung an der Heizschleife ist vollkommen ungefährlich [5].

E. Wirkungsgrad der Induktionserwärmungsanlagen.

Der Wirkungsgrad von Anlagen mit *Mittelfrequenz-Umformern* beträgt etwa 60%. Da in den Gesamtwirkungsgrad auch der Wirkungsgrad des Glühübertragers und der Heizschleife eingeht, die von der Härteaufgabe abhängen, im günstigsten Falle 90%, ist eine allgemeingültige Festlegung nicht möglich.

Bei Anlagen mit *Röhren-Generatoren* liegt der Wirkungsgrad im Durchschnitt etwas niedriger, bei 50%. Der Grund liegt in den Verlusten der verwendeten Elektronenröhren. Im Arbeitskreis, vor allem im Glühübertrager muß man in manchen Fällen auch mit höheren Verlusten rechnen. Die in Tabelle 2 angegebenen Werte sollen nur als angenäherte Richtwerte betrachtet werden (vgl. Abschn. 53, S. 62).

Tabelle 2. *Wirkungsgrade (angenäherte Werte, ermittelt an MF-Anlagen von rd. 50 kW und an HF-Anlagen von 25—40 kW Ausgangsleistung).*

	MF	HF
cos φ	0,9	0,95
Leistungsentnahme aus dem Netz	100%	100%
Verluste im Arbeitskreis	10%	10%
Antriebsverluste	15%	—
Generatorverluste	15%	—
Anodenverluste in der Röhre	—	30%
Röhrenheizung	—	6%
Kreisverluste	—	1%
Verluste in den Hilfseinrichtungen	—	3%
Nutzleistung im Werkstück	60%	50%

F. Regeln für die Funk-Entstörung.

Die beim Induktionshärten verwendeten Energiequellen erzeugen hochfrequente Schwingungen mit Frequenzen, die zu Störungen des Funkempfanges führen können. Die Störungen können durch Fortleitung der Schwingungen längs Leitungen oder durch Ausstrahlung entstehen. Für die industrielle Anwendung der Hochfrequenz sind bestimmte Frequenzbänder zugeteilt worden, die bei sehr hohen Frequenzen liegen und für das hier behandelte Anwendungsgebiet kaum in Frage kommen. In diesen Frequenzbändern können Schwingungen unbegrenzt abgestrahlt werden. Da aber einmal die am besten geeigneten Frequenzen nicht innerhalb dieser freigegebenen Bänder liegen, und weil auch durch die Instabilität der Schwingkreise und durch ganzzahlige Teile oder Vielfache der Arbeitsfrequenz infolge von Seitenbändern und „wilden" Schwingungen Störungen des Funkempfanges immer entstehen können, sind Maßnahmen zur Beseitigung oder Schwächung solcher Schwingungen nötig. Diese Maßnahmen können darin bestehen, daß man das Entstehen störender Schwingungen verhindert, daß man durch Maßnahmen innerhalb der Generatoren und der Härtemaschinen die Ausbreitung von Funkstörungen längs Leitungen verhütet und daß man ausreichende Schirmung aller Anlageteile vorsieht. Eine weitere Maßnahme besteht in der Wahl eines geeigneten Aufstellungsortes und in der Verhütung von Störungen durch Fehlbedienung der Anlagen.

Mit der zunehmenden Verbreitung der HF-Wärme in der Industrie hat sich auch der Gesetzgeber mit dem Problem befassen müssen. Die Verwaltungsanordnung zum *Gesetz über den Betrieb von Hochfrequenzgeräten* vom 9. August 1949 wurde im Amtsblatt des Bundesministers für das Post- und Fernmeldewesen Jahrgang 1950, Ausgabe A, Nr. 75 vom 10. 11. 1950 veröffentlicht. Es bestimmt im wesentlichen, daß der Betrieb von HF-Anlagen genehmigungspflichtig ist. Die Genehmigung muß bei der zuständigen Oberpostdirektion beantragt werden. Das Gesetz sieht für serienmäßig hergestellte HF-Generatoren die Ausgabe einer FTZ (Fernmeldetechnisches Zentralamt) — Serienprüfnummer vor und bestimmt, daß nicht serienmäßig hergestellte Anlagen oder solche, die sich bereits im Betrieb befinden, einzeln durch die zuständige Oberpostdirektion geprüft werden. Erwähnenswert ist noch, daß die im Gesetz genannten Bestimmungen über die zulässigen Störfeldstärken eine Milderung bei solchen Geräten erfahren, die auf einem Gelände betrieben werden, das im Grundbuch als Industriegelände eingetragen ist. Die Störfeldstärke darf im Abstand von 100 m in der Grundfrequenz und deren Harmonischen 45μ V/m nicht überschreiten (im Fernsehbereich 30 μ V/m in 30 m Abstand). Im Industriegelände gelten die gleichen Werte auf die Betriebsgrenze bezogen und 10 μ V/m im Abstand von 1500 m.

Der VDE hat Leitsätze veröffentlicht, die *Regeln und Empfehlungen zur Verminderung von Funkstörungen* und neben den Bestimmungen auch Angaben über die Messung der Funkstörungen enthalten (Funkentstörung, Leitsätze für Hochfrequenzgeräte und -anlagen zur Wärmeerzeugung für industrielle Zwecke, VDE 0871/Teil 2/11. 54).

Der Geltungsbereich der Regeln umfaßt Einrichtungen, die hochfrequente Energie im Bereich von 10 kHz bis zu 300000 MHz erzeugen. Für Umformer, die unter 10 kHz arbeiten, gilt VDE 0875: Funk-Entstörung von Geräten, Maschinen und Anlagen (ausgenommen Hochfrequenzgeräte). In diesem Bereich liegen diese Verhältnisse günstiger als bei den HF-Erzeugern. Kaum überwindbare Schwierigkeiten bereitet die Entstörung von Funkenstreckengeneratoren, die ein breites Frequenzspektrum haben (vgl. Abschn. III B).

IV. Arbeitsverfahren.

A. Allgemeine Induktions-Härteverfahren.

Entsprechend der Vielzahl der verschiedenen zu härtenden Werkstücke gibt es zahlreiche, voneinander ganz verschiedene Härteaufgaben. Man hat eine Reihe von Verfahren entwickelt, mit denen man die anfallenden Härteaufgaben lösen kann.

Das Grundproblem besteht in jedem Falle in der *Formgebung der Heizschleife* zum gleichmäßigen Aufheizen der gewünschten Härtezone. Dabei stellen die geforderte Härtetiefe, die Notwendigkeit, das wirtschaftlichste Verfahren zu finden, und die zweckmäßigste Aufnahme des Werkstückes in der Härtevorrichtung zusätzliche Aufgaben. Nicht unterschätzen darf man außerdem die Wahl des richtigen Abschreckverfahrens. Es muß immer wieder betont werden, daß für die Güte der Härtung dem richtigen Abschrecken die gleiche Bedeutung zukommt, wie dem richtigen Erhitzen.

Bei den gebräuchlichen Verfahren, mit deren Hilfe man Werkstücke mannigfaltiger Art aufheizen und abschrecken kann, unterscheidet man zunächst *zwei Grundverfahren.* Bei dem einen Verfahren wird die *Gesamthärtezone* bei Stillstand von Heizschleife und Werkstück aufgeheizt. Bei dem ande-

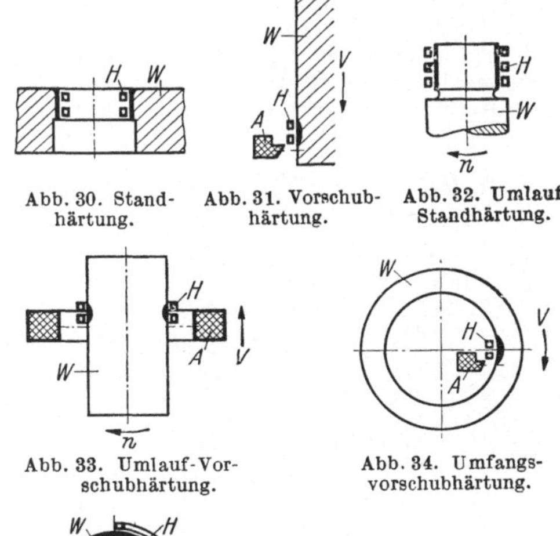

Abb. 30. Standhärtung. Abb. 31. Vorschubhärtung. Abb. 32. Umlauf-Standhärtung.

Abb. 33. Umlauf-Vorschubhärtung. Abb. 34. Umfangsvorschubhärtung.

Abb. 35. Umlauf-Standhärtung (Heizschleife umfaßt das Werkstück nur teilweise).

Abb. 30 bis 35. Gebräuchliche Härteverfahren. *H* Heizschleife, *A* Abschreckbrause, *W* Werkstück, *V* Vorschub, *n* Umlauf.

ren Verfahren wird jeweils nur ein *kleiner Bereich der gesamten Härtezone* aufgeheizt und abgeschreckt. Mit Hilfe einer Relativbewegung zwischen Heizschleife und Werkstück wird diese kleine Aufheizzone *über die ganze Härtefläche verschoben*. Durch Abwandlung dieser beiden Hauptverfahren sind schließlich folgende *fünf Verfahren* entstanden, die zunächst kurz genannt werden:

1. *Standhärtung* (Abb. 30): Ohne Bewegung von Heizschleife und Werkstück. Die ganze Härtezone wird gleichzeitig erhitzt (Gesamtflächenhärtung). Die Heizschleife überdeckt die gesamte Härtezone.

2. *Vorschubhärtung* (Abb. 31): Langsame, meist geradlinige Bewegung zwischen Heizschleife und Werkstück (bei Wellen in Achsrichtung). Es wird nur eine kleine Teilfläche (bei Wellen: Kreisring) erhitzt und sofort abgeschreckt (Linienhärtung). Die aufgeheizte Fläche wird mit der sog. Vorschubgeschwindigkeit über die ganze Härtezone verschoben.

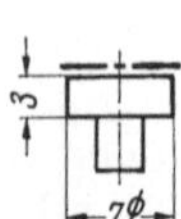

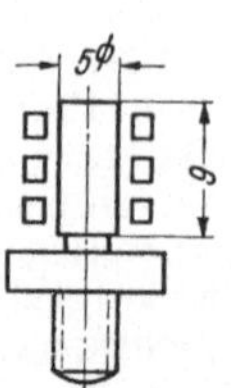

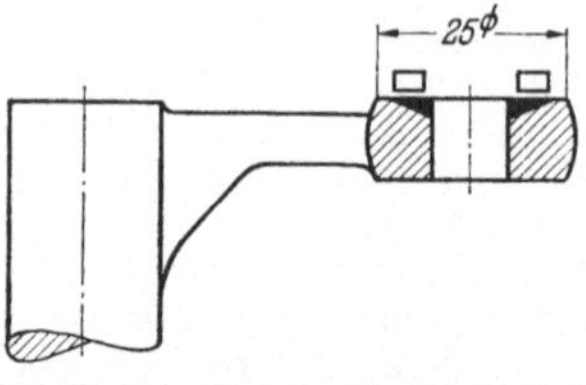

Abb. 36. Niet. Werkstoff Silberstahl 0,8% C, HRc = 64, Standhärtung, 3 kW HF, Heizzeit 2 s, Härtetiefe 1,5 mm.

Abb. 37 Lagerzapfen. Werkstoff Triebstahl 0.8% C, HRc = 62. Standhärtung, 3 kW HF, 1 MHz, Heizzeit 1 s. Abschrekken im Wasserbad, etwa 700 St./Std.

Abb. 38. Schalthebel. Werkstoff C 45, HRc = 60, Standhärtung, HF 500 kHz, 20 kW, Heizzeit 2 s, Tiefe 1 mm, 350 St./Std., Energiekosten 0,15 DM/100 St. (1 kW = 0,10 DM, in allen Beispielen).

3. *Umlauf-Standhärtung* (Abb. 32 u. 35): Langsamer Umlauf zylindrischer Werkstücke zur gleichzeitigen Aufheizung einer ganzen Härtezone mit einer Heizschleife, die das Werkstück nur teilweise umfaßt (gabelförmig), oder schnellerer Umlauf bei Härtung nach 1) zum Ausgleich von Unregelmäßigkeiten in der Heizschleifenform (Abb. 39, 60).

4. *Umlauf-Vorschubhärtung* (Abb. 33): Schnelle Umlaufbewegung beim Härten zylindrischer Werkstücke im Vorschubverfahren wie unter 2), zur Erzielung gleichmäßiger Aufheizung auch bei Unregelmäßigkeiten in der Heizschleifenform.

5. *Umfangs-Vorschubhärtung* (Abb. 34): Verfahren zur Vorschubhärtung von Innen- und Außenzylinderflächen mit großem Durchmesser oder von Kurvenflächen. Die erhitzte Teilfläche wird in tangentialer Richtung (Umfangsrichtung) über die Härtezone verschoben und sofort nach der Aufheizung abgeschreckt. Beim Zusammentreffen von Härtezonen-Ende und Anfang entsteht eine schmale Zone geringerer Harte (Schlupfhärtung).

17. Standhärtung (Gesamtflächen-Härtung).

Werkstück, Heizschleife und Abschreckbrause sind ortsfest. Die *Heizschleife* überdeckt hierbei die gesamte Härtezone. Man kommt bei runden oder überhaupt stabförmigen Werkstücken meist mit einer einfachen Mehrwindungs-Heizschleife aus. Bei großen Härtezonen benötigt man große Leistungen, um die notwendige Energiedichte zu erzeugen.

Das Standhärten wird vor allem bei unregelmäßig geformten Oberflächen angewendet. Es kommt besonders darauf an, daß die gesamte Härtezone in der kürzesten Zeit gleichmäßig aufgeheizt wird. Diese Forderung ist vielfach schlecht zu erfüllen, weil man oft den Temperaturausgleich durch die Wärmeleitfähigkeit mit heranziehen muß. In solchen Fällen wird es nötig, den Abstand zwischen Heizschleife und dem Werkstück zu vergrößern. Der übliche Abstand sollte 1 mm nicht unterschreiten. Er ist von der Spannvorrichtung abhängig.

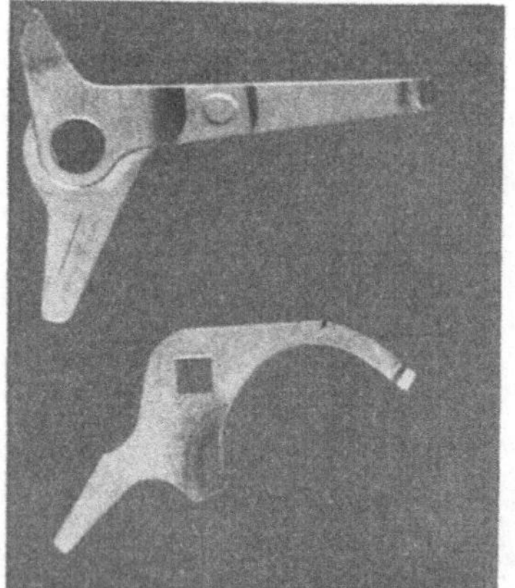

Abb 39. Klinken für Schütze. Standhärtung mit 4 kW HF, 2,5 MHz, Heizzeit 0,5 s. (Werkbild: BROWN-BOVERI.)

Abschrecken kann man entweder mit einer Abschreckbrause, die das Wasser durch die Heizschleife spritzt oder über die Härtezone bewegt wird, oder auch im Abschreckbad. Die Abschreckbrause umfaßt hier meist die ganze Härtezone. Wenn man kleine Härtetiefen erzielen will, ist es nötig, das Magnetventil, das von einem Zeitautomat gesteuert wird, so zu schalten, daß das Wasser schon eingeschaltet wird, ehe die Aufheizung beendet ist. Wenn man ein Abschreckbad benutzt, kann man entweder die erhitzte Zone in das Bad tauchen, oder man läßt — besonders bei kleinen Werkstücken — das Werkstück in das Bad abfallen. Von der Badabschreckung macht man beim Stand-Härteverfahren gern Gebrauch, weil man auf diese Art auch Öl als Abschreckmittel verwenden kann. Beim Abfallen in ein Abschreckbad gewinnt man noch die Möglichkeit, die Gesamthärtezeit zu verkürzen, weil dann die Abschreckzeit in die Härtezeit des folgenden Werkstückes fällt. Diese Vorteile veranlassen oft zur Wahl des Stand-Härteverfahrens, besonders wenn es sich um kleine Werkstücke handelt. Beispiele für das Standhärten sind in den Abb. 36 bis 44 wiedergegeben.

Die *Wirtschaftlichkeit* dieses Härteverfahrens ist weitgehend von der verwendeten Spannvorrichtung abhängig. Die Spannzeiten müssen klein gehalten werden und es ist anzustreben, daß man aufheizt, während das vorhergehende Werkstück abgeschreckt wird. Dem richtigen Abschrecken mit ausreichender Wassermenge kommt hier erhöhte Bedeutung zu. Abschreckbrausen, die gleichmäßig arbeiten oder bewegte Abschreckbäder sind Voraussetzung für den Erfolg. Die Entwicklung

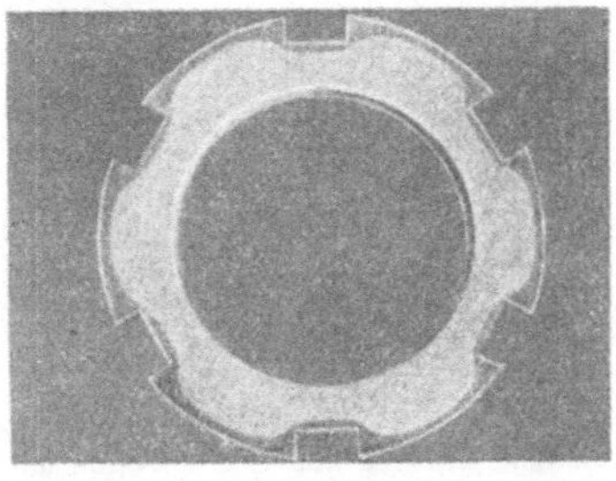

Abb. 40. Nutmutter. Außendurchmesser 45 mm, Dicke 8 mm, Härtung im Stand mit 25 kW, HF 2,5 MHz, Heizzeit 1 s, (Werkbild: BROWN-BOVERI.)

der richtigen Heizschleife erfordert immer Versuche, die aber mit den entsprechenden Erfahrungen der Herstellerfirmen von Induktions-Härteanlagen keine großen Schwierigkeiten bereiten.

18. Vorschubhärtung (Linienhärtung). Beim Vorschubhärten wird eine schmale Aufheizzone erzeugt und über das ganze Werkstück verschoben. Die erwärmte Zone kann je nach der gewählten Heizschleife etwa 3 bis 10 mm breit sein. Um die Zone über das Werkstück zu verschieben, kann man entweder das Werkstück oder die Heizschleife bewegen. Die notwendige Vorschubgeschwindigkeit des bewegten Teiles wird von der Generatorleistung, der Temperatur und der Härtetiefe bestimmt. Die üblichen *Vorschubgeschwindigkeiten* liegen zwischen 2 und 50 mm/s. Wegen der kleinen jeweils aufzuheizenden Fläche kann man auch mit kleinen Generatoren große Energiedichten erzielen. Das Verfahren kommt vor allem für langgestreckte Werkstücke wie Wellen und Leisten in Betracht. Die Abb. 45a bis 45i geben an, worauf beim Vorschubhärten besonders zu achten ist.

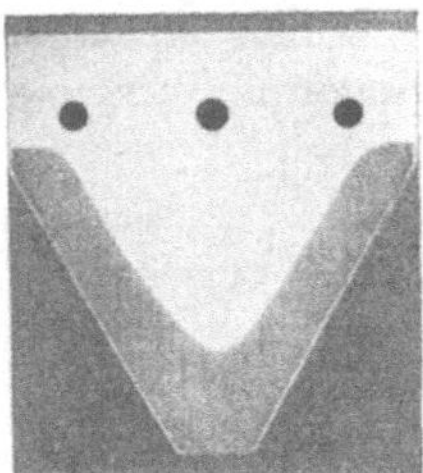

Abb. 41. Mähmaschinenmesser. Eine breite Fläche muß durchgehärtet werden, damit das Messer nachgeschliffen werden kann. Härtung im Stand mit 25 kW, HF 2,5 MHz, Heizzeit 1,5 s. (Werkbild: BROWN-BOVERI.)

Zum Aufheizen werden für runde Werkstücke *ringförmige Heizschleifen* mit einer oder mehreren Windungen verwendet. Die Spule oder Heizschleife mit *nur einer* Windung dient dazu, geringste Härtetiefen zu erreichen. Wirtschaftlicher arbeitet man bei den üblichen Anpassungsverhältnissen mit *zwei* Windungen. In Sonderfällen, vor allem bei größeren Werkstücken und wenn große Tiefen verlangt werden, verwendet man mehrere Windungen.

Mit den bei diesem Verfahren möglichen großen Energiedichten kann man auch *kleinste Härtetiefen* einhalten. Neben einer möglichst großen Vorschubgeschwindigkeit ist dafür allerdings auch *richtiges Abschrecken* Voraussetzung. Die Abschreckbrause muß knapp unterhalb der Heizschleife angebracht sein, so daß das Abschreckwasser das Werkstück sofort nach Erreichen der Härtetemperatur trifft, ohne dabei unter die Heizschleife zu gelangen. Wird der Abstand zwischen Heizschleife und Abschreckbrause vergrößert, erhält man größere Härtetiefen. Das gleiche gilt für kleine Vorschubgeschwindigkeiten und auch für breite Aufheizzonen.

Auch Leisten, Führungsbetten, Zahnlücken, Keilbahnen und ähnliche Teile werden im Vorschubverfahren gehärtet. Hier verwendet man neben Sonder-Heiz-

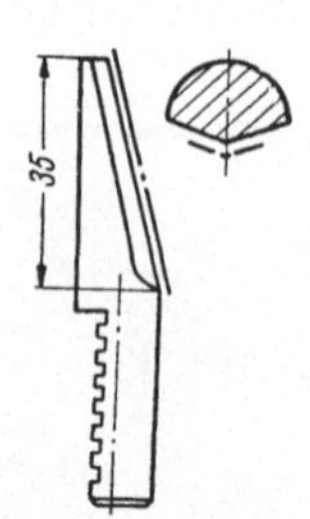

Abb. 42. Bohrfutterbacken. Werkstoff Ck 53, Härtung im Stand, Wasserbadabschreckung, 10 kW, HF 800 kHz, Heizzeit 3 s, 500 St./Std.

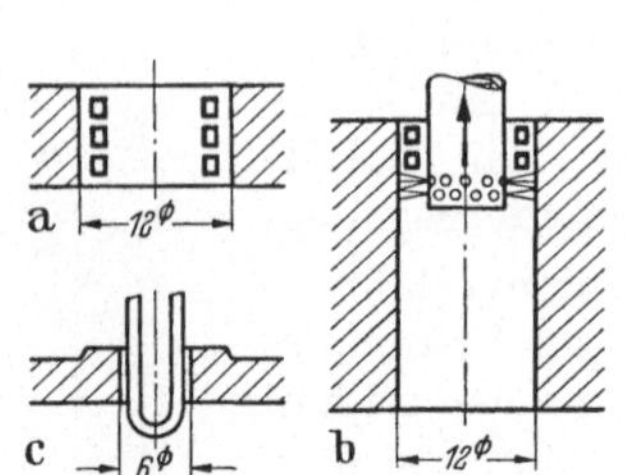

Abb. 43. Härten von Bohrungen. *a* Das Härten von Bohrungen im Stand-Verfahren mit einer Innen-Heizschleife ist etwa bis zu Durchmessern von 10—12 mm herab möglich. *b* Ähnliche Grenzen gelten für das Härten im Vorschub bei längeren Bohrungen. *c* Besonders kleine Bohrungen kann man noch mit „Haarnadel"-Heizschleifen aufheizen. Dabei muß man entweder unsymmetrische Härtezonen in Kauf nehmen oder das Werkstück umlaufen lassen.

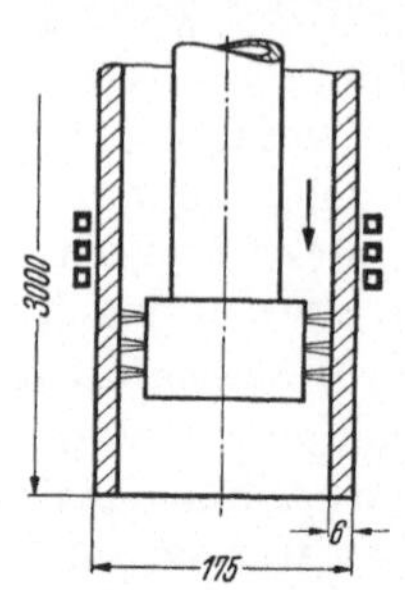

Abb. 44. Blasversatzrohre. Auf die im Bergbau verwendeten Blasversatzrohre werden ringförmige Härtezonen aufgebracht. so daß zwischen zwei Härtezonen ungehärtete Gebiete stehen bleiben, die die mechanischen Schläge im Betrieb und beim Zusammenbau aufnehmen (Zebrahärtung). Das Rohr wird mit Mittelfrequenz von außen aufgeheizt und dann durch Sprungvorschub in den Bereich der Abschreckbrause gesenkt. die im Rohr angebracht ist (vgl. Abb. 63, S. 32). Abgeschreckt wird während der nächsten Aufheizung.

schleifen vor allem *Haarnadel-Heizschleifen* (Abb. 31), die im Außenfeld mit geringerem Wirkungsgrad arbeiten. Bei diesen Schleifen ist es zweckmäßig, Eisenkerne (Blechpakete bei MF mit 0,2 mm Blechdicke und meist HF-Eisen bei HF) anzubringen. Die Abb. 46 bis 50 stellen Beispiele für das Vorschubhärten dar.

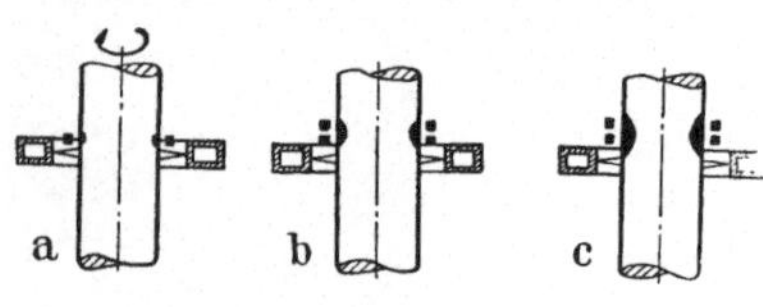

19. Umlauf-Standhärtung. Dieses Verfahren ist eine Erweiterung der Standhärtung. Beim

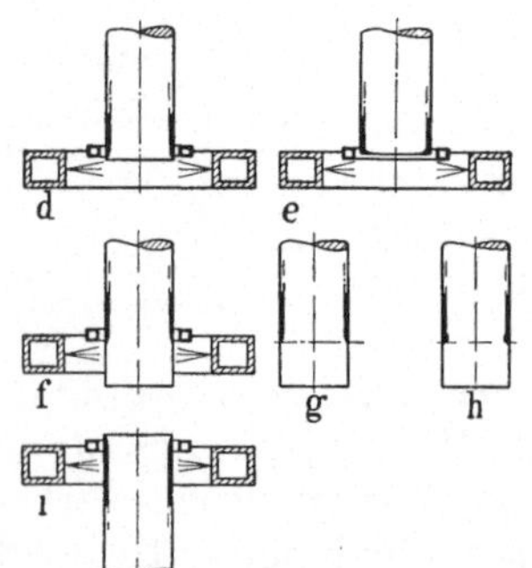

Abb. 45. Härten im Vorschub. *a* Einwindungs-Heizschleifen ergeben kleine Härtetiefen. *b* Zweiwindungs-Heizschleifen ergeben größere Härtetiefen. *c* Vergrößerung des Abstandes Heizschleife – Abschreckbrause vergrößert auch die Härtetiefe *d* Wenn das Werkstück bei Härtebeginn in die Schleife hineinragt. wie skizziert, wird der angegebene Verlauf der Härteschicht erzielt. *e* Wenn die Heizschleife in dieser Stellung steht, besteht die Gefahr, daß die Kanten verbrennen. *f* Wenn die Vorschubbewegung sofort beim Heizbeginn einsetzt, entstehen sanft auslaufende Härteschichten. *g* Durch Einschalten einer Stand-Aufheizzeit vor dem Einsetzen des Vorschubes kann man bei richtiger Wahl dieser Zeit eine gleichmäßige Härteschicht erzielen. *h* Bei zu langer Stand-Aufheizung können Ausbuchtungen der Härteschichttiefe entstehen. *i* Am Ende einer Härtezone muß die Aufheizung in der skizzierten Stellung abgeschaltet werden. Zur Vermeidung weicher Zonen muß dabei die Abschreckbrause im Schnellgang über das Härtezonenende bewegt werden.

Härten von Drehkörpern ist es immer ratsam, das Werkstück umlaufen zu lassen. Man erhält dann bei geringeren Ansprüchen an die Formgenauigkeit der Heizschleife eine gleichmäßige Aufheizung und Härtetiefe auf dem ganzen Bereich. Die Heizschleife steht fest, und das Werkstück dreht sich mit einer Drehzahl in der Größenordnung von 200 U/min. In den meisten Fällen überdeckt hierbei die Heizschleife die gesamte Härtezone.

In manchen Fällen, z. B. beim Härten von Kurbelwellenzapfen ist es aus praktischen Gründen zweckmäßig, gabelförmige Heizschleifen zu verwenden, die das

Werkstück nur teilweise umfassen (180°). Hierbei umschließt dann auch die Abschreckbrause das Werkstück nur teilweise. Es wird dadurch ein Einführen des Werkstückes in die Heizschleife und die Abschreckbrause durch Verschieben überhaupt erst ermöglicht. Bei der Anwendung derartiger Heizschleifen und Abschreckbrausen ist es zweckmäßig, mit geringeren Werkstückdrehzahlen (etwa 30 U/min) zu arbeiten. Beispiele siehe Abb. 51 bis 53.

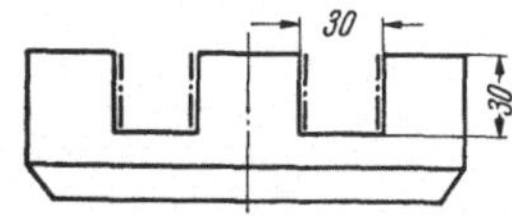

Abb. 46. Kupplungsglocke. Werkstoff Ck 45, HRc 60, gehärtet im Vorschubverfahren mit 20 kW, HF 500 kHz, insgesamt 10 Doppelzonen mit einer Heizzeit von je 4 s, rd. 20 St./Std. Härtetiefe 1 mm, Energiekosten 0,30 DM/10 St.

Abb. 47. Aufnahmevorrichtung mit Heizschleife und Abschreckbrause für Kupplungsglocken (Abb. 46). Die Härtevorrichtung wird auf einer Universal-Härtemaschine aufgebaut. (Werkbild: Fritz Düsseldorf).

20. Umlauf-Vorschubhärtung. Für Zylinderflächen größerer Länge würde die Anwendung des Umlauf-Standverfahrens eine große Generatorleistung erfordern. Deshalb wendet man hier das Vorschubverfahren an. Auch bei diesem Verfahren ist es zweckmäßig, zum Ausgleich von Unregelmäßigkeiten in der Heizschleifenform zylindrische Werkstücke während der Härtung umlaufen zu lassen. Die Drehzahl des Werkstückes liegt hier zwischen 200 und 500 U/min. Sie ist abhängig von der angewendeten Vorschubgeschwindigkeit, vom

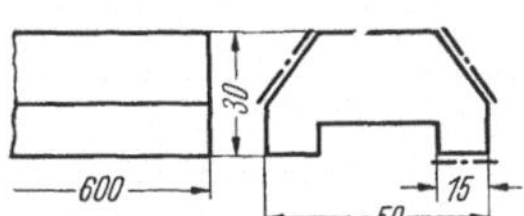

Abb. 48 Führungsleiste für Werkzeugmaschinen. Werkstoff Ck 45, HRc 58, Härtetiefe 1 mm. Die 3 Zonen werden einzeln im Vorschub mit 20 kW, HF 500 kHz gehärtet. Vorschubgeschwindigkeit rd. 12 mm/s, Leistung rd. 15 St./Std. Energiekosten 0,15 DM/St.

Abb. 49. Härtewagen zum Härten von Drehbankbetten. Umfangreiche Versuche ergaben beachtliche Erfolge. Mit MF 10 kHz bei etwa 50 kW erreicht man Härtetiefen von rd. 1,5 bis 2 mm, mit HF 2,5 MHz, 25 kW rd. 1 mm. (Die Leistung beschränkt hier die Breite der Härtezone auf etwa 60 bis 80 mm). Verzug für 3 m lange Betten in der Größenordnung von 0,3 bis 0,5 mm Ergebnisse weitgehend vom Werkstoff abhängig. (Werkbild: AEG-Elotherm).

Wellendurchmesser und von der Breite der Aufheizzone. Hohe Vorschubgeschwindigkeiten und schmale Aufheizzonen, wie sie besonders bei Wellen kleinen Durchmessers zur Erzielung geringer Härtetiefen angewendet werden, erfordern große Werkstückdrehzahlen. Bei zu kleinen Werkstückdrehzahlen entstehen auf der Härtezone Schraubenlinien. Wenn es auch bei günstigen Abschreckverhältnissen gelingt, trotzdem einen gleichmäßigen Härteverlauf zu erzielen, so erhält man doch bei zu kleiner Werkstückdrehzahl einen im Makroschliff erkennbaren wellenförmigen Verlauf der Härtetiefe. In Abb. 54 u. 55 wird die Anwendung dieses Verfahrens gezeigt.

21. Umfangs-Vorschubhärtung (Schlupf-Härtung). Zum Härten von Drehkörpern mit großem Durchmesser verwendet man eine schmale Heizschleife — meist eine sog. *Haarnadel*-Heizschleife — oder nur einen Leiter und erzeugt am Umfang des Werkstückes parallel zur Achse eine Heizzone, die man durch langsame Drehbewegung des Werkstückes über den ganzen Umfang verschiebt. (*Drehvorschub* oder *Tangential*- oder *Umfangsvorschub*). Die *Vorschubgeschwindigkeit* (vgl. Abschn. 18) ist auch hier für die Härtetiefe maßgebend.

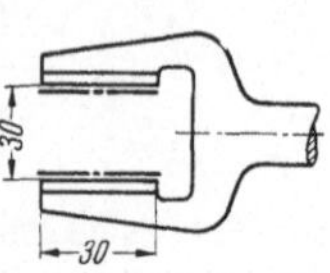

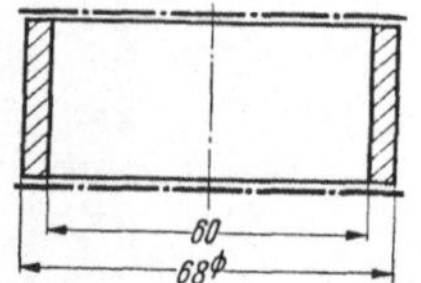

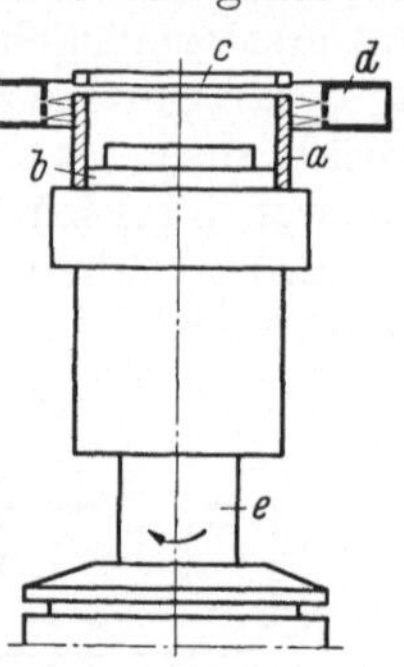

Abb. 50. Schwinghebel. Werkstoff weißer Temperguß, 0,5 mm tiefeingesetzt, HRc 60. Die Gleitbahnen werden paketweise zusammen mit 20 kW, HF 500 kHz im Vorschub gehärtet, Leistung rd. 500 St./Std.

Abb. 51. Abstandsring. Werkstoff Ck 45, Umlauf-Standverfahren, 20 kW HF, Heizzeit 1,2 s, 350 St./Std., HRc 60, Energiekosten 100 St. = 0,20 DM (1 kWh = 0,10 DM).

Abb. 52. Härtevorrichtung für Abstandsringe. *a* Werkstück, *b* Aufnahme, *c* Heizschleife, *d* Abschreckbrause, *e* Universalhärtemaschine.

Bei diesem Verfahren wird die *Stoßstelle* von Anfang und Ende der Härtezone weniger hart. Durch besondere Ausbildung der Heizschleife kann man die Heizzone

Abb. 53. Kaltwalze. Aufheizung mit MF 2 kHz, 80 kW im Umlauf-Standverfahren. Die Walze bewegt sich langsam in einer ellipsenförmigen Einwindungs-Heizschleife. Nach Erreichen der Härtetemperatur wird die Heizschleife seitlich verschoben und die Abschreckbrause über die Walze gebracht.

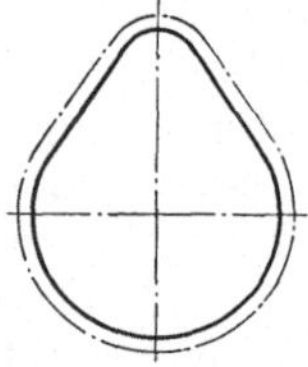

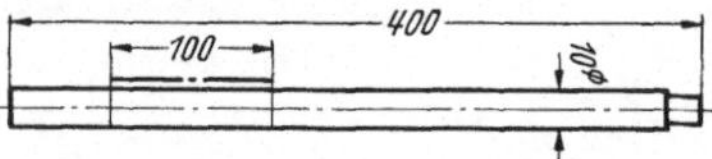

Abb. 54. Spindel. Silberstahl 1,2 % C, HRc 64, Härtung mit 20 kW, HF 500 kHz im Umlauf-Vorschubverfahren. Vorschubgeschwindigkeit 18 mm/s, Härtetiefe 0,6 mm, Verzug 0,1 mm. Umlauf n = 500 U/min.

Abb. 55. Nockenwellen. Nocken für die Einspritzpumpe von Kleinmotoren, 10 mm breit und 10 mm Hub, im Stand gehärtet. Oberfläche 12,5 cm² mit MF 10 kHz, 70 kW in 1,5 s auf Härtetemperatur gebracht. Härtetiefe 2 mm. Die 20 mm breiten Ventilnocken werden im Umlauf-Vorschub gehärtet. Werkstoff Ck 53 oder Ck 45. Nach dem Einsatzverfahren betrug die gesamte Härtezeit, einschließlich Entspannen und Richten, für 40 Vierzylinder-Nockenwellen 48 Std., bei der Induktionshärtung nur noch 12 Std.

und auch die Stoßstelle (sog. *Schlupfzone*) sehr schmal halten. Das Verfahren wird viel angewendet, z. B. auch bei der Kurbelwellenhärtung. Man legt dabei die Schlupfzone an die Stelle mit der geringsten Beanspruchung. Es sind auch bei Reihen hochbeanspruchter Werkstücke noch keine Schwierigkeiten bekannt geworden, die aus der Stelle mit geringerer Härte herrühren. Eine weitere Herabsetzung der Auswirkung dieser Zone kann man erzielen, wenn man die Aufheizzone nicht achsparallel son-

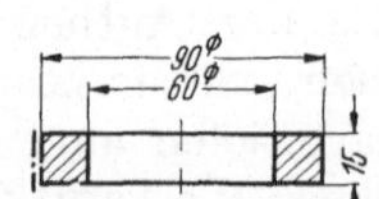

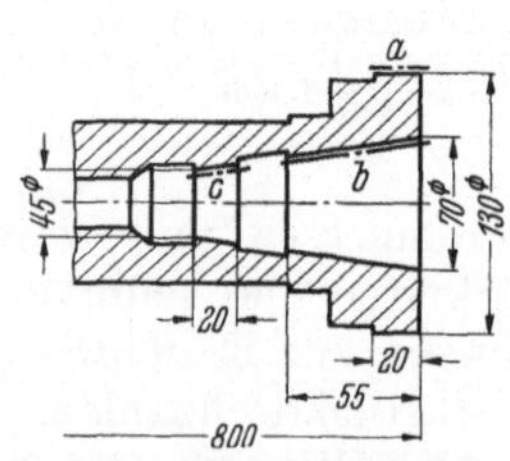

Abb. 56. Ring. Werkstoff Ck 45. HRc 58. Gehärtet im Umfangs-Vorschubverfahren mit 10 kW, HF 800 kHz. Heizzeit rd. 1 min, Leistung unter Berücksichtigung der Spannzeiten rd. 45 St./Std. Härtetiefe rd. 0,6 mm, Energiekosten 0,04 DM/St.

Abb. 57. Frässpindel. Werkstoff Ck 56, HRc 64. Härtezonen *a* und *b* können im Umfangs-Vorschubverfahren bei kleiner Anschlußleistung gehärtet werden. Das gleiche Verfahren ist für Zone *c* nur mit Schwierigkeiten anwendbar. Im vorliegenden Falle wurde Zone *a* und *b* mit 10 kW, 800 kHz im Umfangs-Vorschub und Zone *c* mit 20 kW, 500 kHz im Stand gehärtet. Leistung rd. 10 bis 15 St./Std. Energiekosten rd. 0,15 DM/St.

dern mit einem kleinen Winkel von etwa 5° schräg stellt. Das ist vor allem bei Rollen-laufbahnen unbedingt erforderlich. Für Kugellaufbahnen ist das Verfahren nicht geeignet. Beispiele für das Mantellinienhärten s. Abb. 56 u. 57.

B. Härten von Zahnrädern und Kurbelwellen.

22. Das Härten von Zahnrädern stellt besondere Aufgaben, für die auch beson-dere Lösungen entwickelt wurden. Die entstehenden Probleme gehen hier weit über die Fragen der Induktionshärtung hinaus in das Gebiet der Werkstoffe und der Festigkeitsfragen. Die entwickelten Härtever-fahren müssen auch von diesen Standpunkten her betrachtet werden (Abb. 58—60).

a) Allzahn-Verfahren (Abb. 58). Man legt eine Heiz-schleife um das gesamte Zahnrad und erhitzt das Rad im Stand-oder im Umlauf-Standverfah-ren. Da die Oberfläche der Ver-zahnung immer groß ist, benötigt

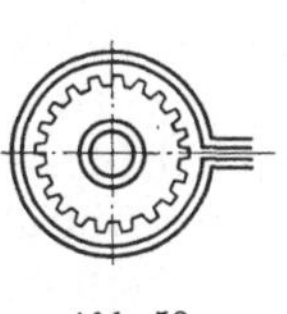

Abb. 58.
Allzahnhärtung.

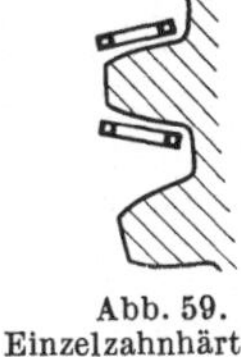

Abb. 59.
Einzelzahnhärtung.

Abb. 60.
Zahnlückenhärtung.

man auch eine große Anschluß-Leistung, um die notwendige Leistungsdichte zu erreichen. Diese ist aber gerade hier nötig, wenn man die für hochbeanspruchte Räder günstigste Ausbildung der Härtezonen erhalten will (vgl. Abb. 98, S. 54). Sowohl die Flanken als auch der Zahngrund sollen eine zahnformtreue Oberflächen-härtezone erhalten, dazwischen soll in der Zahnmitte ein zäher Kern bestehen bleiben. Dieses Härtebild ist mit besonders hohen Leistungen auch zu erreichen. Das Verfahren ist aber wegen der hohen Anlagekosten in Deutschland kaum in Anwendung, außer bei kleinen Zahnrädern bis etwa 100 mm Außendurchmesser. Man hat hier die Möglichkeit, das Rad zum Abschrecken in ein Ölbad zu tauchen und kann mit einfachen Vorrichtungen hohe Stückzahlen erreichen. Bei größeren Zahnrädern kommt man zur Forderung nach Sendern in der Größenordnung von 100 und mehr Kilowatt, die sich nur bei großen Serien bezahlt machen.

b) Einzelzahn-Verfahren (Abb. 59). Hier umfaßt die Heizschleife jeweils nur einen Zahn. Das Rad wird durch eine genau arbeitende Vorrichtung von Zahn zu Zahn weitergeschaltet und auch jeder Zahn einzeln abgeschreckt. Jeder Zahn wird also im Stand-Härteverfahren gehärtet. Für breite Räder kann auch mit dem Einzelzahn-Vorschubverfahren gearbeitet werden. Es gelingt hier mit weitaus ge-ringerer Leistung, eine Oberflächenhärtezone auf den Zahnflanken anzubringen. Aber es fehlt vielfach ein zäher Kern von genügenden Abmessungen und vor allem die Härtung des Zahn-grundes, die oft aus Gründen der Dauer-festigkeit gefordert wer-den muß.

c) Zahnlücken-Verfahren (Abb. 60, 61 u. 62). Bei diesem patentierten Verfahren wird — meist im Vor-schubverfahren — je-weils eine Zahnlücke ge-härtet. Man erzielt mit

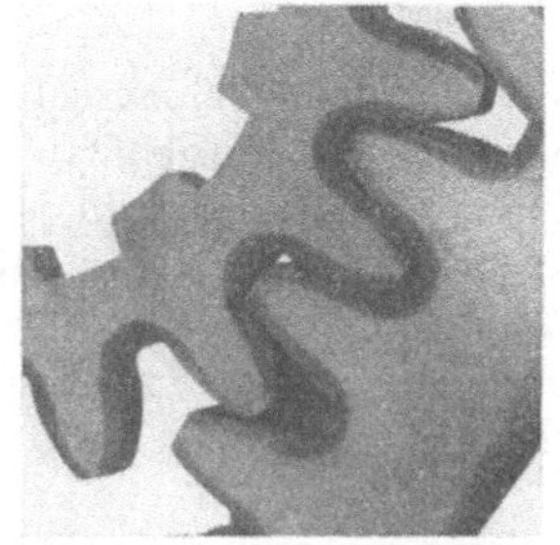

Abb. 61. Schliffbild.

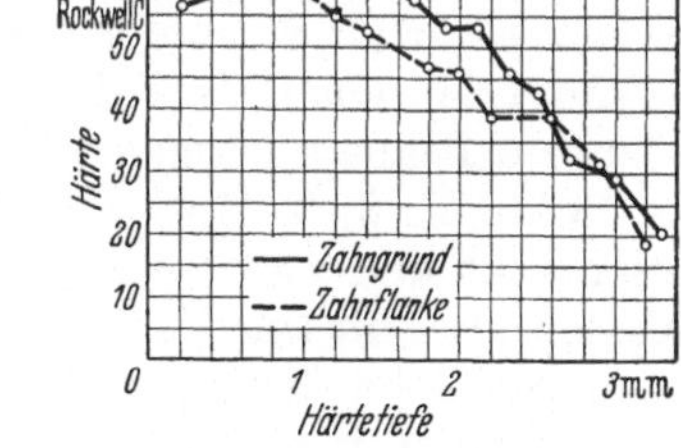

Abb. 62. Härteverlauf.

Abb. 61 u. 62. Härteverlauf an einem Zahnrad, Modul 6, Zahnlückenhärtung.
(Werkbild: SCHOPPE & FAESER.)

ebenfalls kleiner Generatorleistung eine einwandfreie Oberflächenhärtung der Zahnflanken und hier auch des Zahngrundes. Die verwendeten Sonderheizschleifen bestehen aus Leitern mit kleinem Querschnitt und haben meist Eisenkerne, die der Zahnform angepaßt sind. Besondere Beachtung ist den *Stirnseiten* der Räder zu schenken, die beim Ein- und Ausfahren der Heizschleife von der hohen Stromdichte getroffen werden. Man muß sie entweder stark abschrägen oder durch profilgetreue Bleche abdecken. Auf der Zahnkopfmitte entsteht eine weiche Übergangsstelle, die aber nicht stört. *Abgeschreckt* wird meist mittelbar von den benachbarten Flanken aus. Auch hier muß das Rad von einer Sondervorrichtung weitergeschaltet werden. Es gibt einige gut brauchbare Zahnrad-Härtemaschinen, die dieses Verfahren anwenden, und es werden auch laufend große Reihen von Zahnrädern damit gehärtet.

d) **Zur kritischen Betrachtung** der besprochenen drei Verfahren muß man die Gesichtspunkte der Beanspruchung und der Fertigung heranziehen, die wieder eng mit der Werkstoffwahl zusammenhängen. Kein anderes Gebiet verlangt derartig eingehende Überlegungen vor der Einführung des Induktionshärtens wie gerade das Gebiet der Zahnradhärtung. Man muß dabei die Möglichkeit der Härterisse ebenso in Betracht ziehen wie die Fragen des Verzuges. Es muß aber darauf hingewiesen werden, daß schon sehr viele Zahnräder in allen Fertigungszweigen induktiv-, vor allem nach dem Zahnlückenverfahren — gehärtet werden. Man kann durchaus erreichen, daß Zahnräder nach dem Härten ohne Nacharbeit eingebaut werden können. Es wird sich eben in jedem Falle darum handeln, den bestimmten Einzelfall genau zu untersuchen. Das Zahnlückenverfahren ist von Modul 2 an anwendbar. Abb. 62 läßt den Härteverlauf an einem induktiv gehärteten Zahnrad erkennen.

Zusammenfassend betrachtet bestehen zur Härtung von Zahnrädern folgende Möglichkeiten: Räder bis zum Modul 3 bei Durchmessern bis 120 mm wird man im *Allzahnverfahren* härten. Will man dabei konturentreue Härtezonen erzielen, muß man mit Leistungen von etwa 200 kW arbeiten. Für weniger beanspruchte Räder, deren Zähne durchhärten können, benötigt man Generatoren in der Größenordnung von 30 bis 40 kW. Es besteht dabei auch die Möglichkeit, den Zahngrund mitzuhärten. Je nach der Zahnradgröße und der gewünschten Härtetiefe werden Heizzeiten von etwa 20 bis 30 Sekunden benötigt. In allen Fällen wird man *in Öl abschrecken*. Der *Werkstoffwahl* kommt hier besondere Bedeutung zu. Verwendet man Werkstoffe wie Ck 45, 37 MnSi 5, 50 CrV 4, die auch gehärtet noch ausreichende Zähigkeit haben, kann man gute Schlagfestigkeitswerte erzielen. Beim Allzahnverfahren wärmt man, wie teilweise auch bei anderen großen Werkstücken, auf etwa 300° vor (teilweise auch höher), um geringe Härtetiefen zu erreichen und auch um den Verzug zu verringern. Teilweise werden hierzu auch niedrige Frequenzen verwendet.

Zahnräder mit größeren Moduln und Durchmessern wird man im *Einzelzahnverfahren* härten, wenn der Zahngrund nicht mitgehärtet werden soll, oder im Zahnlückenverfahren. Das *Zahnlückenverfahren* ergibt in jedem Falle Ergebnisse, die höchsten Beanspruchungen jeder Art gewachsen sind. Man wird Stähle wie Ck 45, Ck 53, 40 Mn 3, 37 MnSi 5 und 42 MnV 7 verwenden. Es wird dabei mittelbar abgeschreckt und zwar, um Risse zu vermeiden, mit Emulsion oder angewärmtem Wasser. Bei diesem Verfahren kommt es darauf an, daß die Härtemaschine eine besonders hohe Genauigkeit hat.

Es werden hier Generatorenleistungen von etwa 20 bis 30 kW verwendet. Die Härtezeit für ein Rad vom Modul 3 mit 40 Zähnen beträgt bei einer Zahnbreite von 20 mm etwa 1 min einschließlich der Nebenzeiten.

23. Kurbelwellenhärtung. Das Problem, den Lagerstellen von Kurbelwellen einen höheren Verschleißwiderstand zu geben, besteht schon seit vielen Jahren. Neben der Einsatzhärtung und dem Nitrieren, die Zeiten in der Größenordnung von 50—100 Stunden erfordern, wird das Brennhärten angewendet, das teilweise hinsichtlich der Konstanz der Ergebnisse und der Härtezonenbegrenzung nicht befriedigt.

Zum Induktionshärten von Kurbelwellen wurde zuerst das *Stand-Umlauf*-Verfahren mittels Klappspulen (Tocco-Verfahren) verwendet. Hier wird die gesamte Zapfenoberfläche aufgeheizt und dann durch die Heizschleife hindurch mit Wasser abgeschreckt. Die auftretende Überhitzung an den Schmierlöchern und andere Mängel ließen den Wunsch nach anderen Härteverfahren aufkommen.

Ein geeignetes Verfahren ist die *Umfangs-Vorschubhärtung* (Schlupfhärtung, s. Abschn. 21), die nur eine geringe Anschluß-Leistung erfordert, dafür aber längere Härtezeiten benötigt. In manchen Fällen ist auch die entstehende Schlupfstelle nicht erwünscht. Bei diesem Verfahren ist jedoch eine Umstellung auf verschiedene Zapfenabmessungen besonders leicht möglich. Es wird sowohl mit Mittelfrequenz 10 kHz als mit Hochfrequenz angewendet.

Weitere Verfahren arbeiten mit Härteköpfen, die das Werkstück nur teilweise umfassen. Dabei wird das *Umlauf-Standverfahren* angewendet. Nach dem Erhitzen der gesamten Zapfenoberfläche, wobei auch eine Härtung der seitlichen Hohlkehlen möglich wird, tritt eine Abschreckbrause in Tätigkeit, die den gesamten Zapfen gleichmäßig abschreckt. Am Härtekopf (Abb. 72, S. 35) sind Führungsrollen, meist aus austenitischen Stählen, angebracht, welche die Heizschleife auf dem Zapfen führen. Mit solchen Härteköpfen können besonders Maschinen entwickelt werden, die universell anwendbar sind.

Eine Weiterentwicklung dieses Verfahrens stellt eine Härtemaschine dar, die den erhitzten Zapfen zum Abschrecken selbsttätig in ein unter der Aufheizstelle befindliches *Abschreckbad* taucht. Da diese vollselbsttätige Maschine es ermöglicht, während des Abschreckens bereits einen Zapfen der nächsten Welle aufzuheizen, steht eine ausreichende Abschreckzeit zur Verfügung, ohne daß die Gesamtzeit dadurch verlängert wird. Diese Härtemaschine, die auch als Doppelmaschine an nur einem Generator betrieben werden kann, so daß eine Spannzeit jeweils mit der anderen Härtezeit zusammenfällt, ist besonders für große Stückzahlen geeignet [7].

Infolge besonderer Ausbildung des Härtekopfes ist es auch hier möglich, eine vollkommen gleichmäßige Härtezone zu erhalten, ohne daß Überhitzungen auftreten. Ein besonderer Vorteil ist noch die Anwendung des Abschreckbades, das lange Abschreckzeiten und auch beliebige Zusätze zum Abschreckmittel ermöglicht. Die Härtezone erstreckt sich hier genau bis zum Beginn der Hohlkehle der Schultern. Die Maschine arbeitet mit Mittelfrequenzumformern 50 bis 200 kW bei 10 kHz (Abb. 72, S. 35 und 93, S. 52).

C. Heizschleifen.

Heizschleife oder Heizspule nennt man den Teil der Härteanlage, der den HF-Strom durch Induktion auf das Werkstück überträgt. Auf Grund dieser Aufgabe ist teilweise auch die Bezeichnung *Induktor* im Gebrauch. In der Heizschleife, die am Generator meist unter Zwischenschaltung eines Anpassungsübertragers angeschlossen wird, fließt der HF-Strom, der das magnetische Feld erzeugt. Die Ströme liegen je nach der übertragenen Leistung in der Größenanordnung von 1000 A. Dieser Strom drängt sich wegen des Hauteffektes an die Oberfläche des Leiters. Hier treten daher sehr hohe Stromdichten auf (bis zu etwa 6000 A/mm²), so daß man in jedem Falle mit wassergekühlten Leitern höchster Leitfähigkeit arbeiten muß. Dafür kommen Kupfer- und Silberrohre in Frage, die von Kühlwasser durchflossen werden.

Aus der jeweiligen Härteaufgabe ergeben sich sehr mannigfaltige *Heizschleifen-formen*. Sie liegen nur fest für zylindrische Körper (Wellen, Bolzen oder Achsen). Hier umfaßt die Heizschleife das Werkstück in einer oder mehreren Windungen. Im Vorschubverfahren arbeitet man mit einer oder mit zwei Windungen. Die Wahl hängt von der günstigsten Anpassung an den Generatorausgang und auch von der gewünschten Härtetiefe ab. Für kleine Härtetiefen wird man im allgemeinen mit einer Windung arbeiten. Abb. 63 zeigt im oberen Teil verschiedene Formen von Heizschleifen, unten die Abschreckbrausen dazu. Vielseitig verwendbar sind auch z. B. Heizschleifen aus Kupferplatten (Abb. 64).

Den Unterschied zwischen dem *Halbmesser* der Heizschleife und dem des Werkstückes, also den Abstand zwischen beiden Körpern, bezeichnet man mit *Kopplungsabstand*. Das ist zweckmäßiger als die auch gebräuchliche Angabe des Durchmesserunterschiedes. Von diesem Kopplungsabstand hängt der Wirkungsgrad des Systems Heizschleife-Werkstück wesentlich ab. Am günstigsten wäre ein sehr kleiner Abstand. Aus praktischen Gründen wird man im Stand-Härteverfahren den Kopplungsabstand nicht kleiner wählen als 0,5 mm und ihn beim Härten im Vorschub größer lassen als 1 mm.

Wie die Heizschleifenform immer von der Form der Härtezone bestimmt wird, so ist auch die Form oder der *Querschnitt* des Leiters, aus dem sie hergestellt wird, meist vom Werkstück abhängig. Heizschleifen mit rechteckigem Querschnitt ergeben einen höheren Wirkungsgrad als solche mit rundem Querschnitt, besonders dann, wenn man den Querschnitt so anordnet, daß seine breite Seite dem Werkstück zugewandt ist (Abb. 70). Diese Fragen spielen bei der Berechnung des Heizschleifenwiderstandes, der auch von der Feldverteilung abhängig ist, und andererseits bei der Anpassung an den Generatoraußenwiderstand, der für den Gesamtwirkungsgrad wichtig ist, eine Rolle.

24. Die Herstellung von Heizschleifen.

Die Heizschleife hat in der Härteanlage die gleiche Aufgabe wie das Werkzeug in

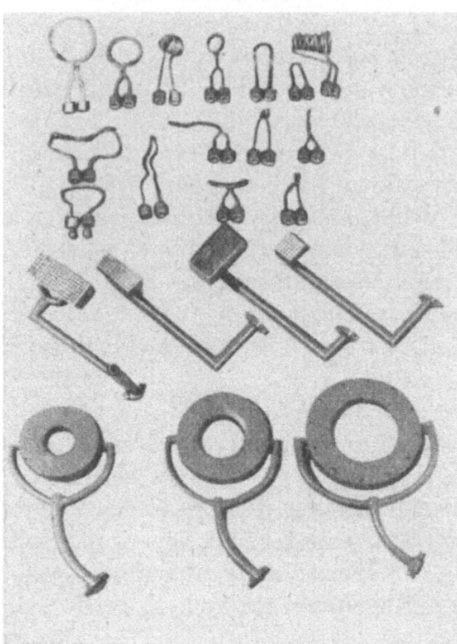

Abb. 63. Heizschleifen und Abschreckbrausen einer Universal-Härtemaschine, die an einem 20 kW Hochfrequenz-Generator arbeitet.
(Werkbild: Fritz Düsseldorf.)

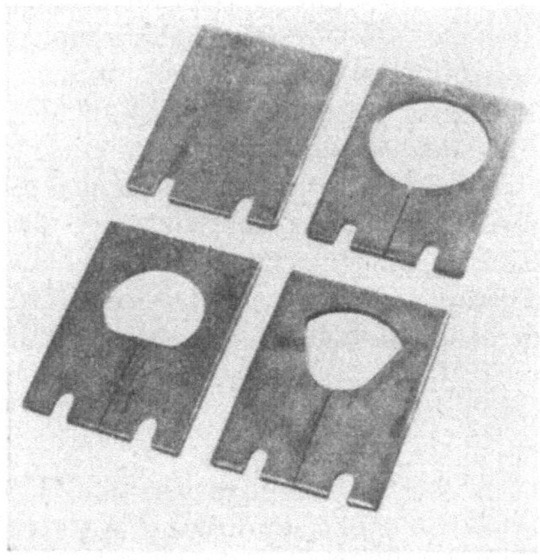

Abb. 64. Heizschleifen aus Kupferplatten an Stelle von besonderen Heizschleifen bei kleinen HF-Generatoren. Hier lassen sich die notwendigen Ausnehmungen mit höchster Präzision anbringen, besondere Kühlung in den meisten Fällen unnötig, es genügt, wenn die Anschlüsse gekühlt werden. Diese Schleifen sind an Generatoren verwendbar, deren Ausgangswiderstand so ausgelegt ist, daß Heizschleifen mit dem niedrigen Widerstand solcher Platten angeschlossen werden können. (Werkbild: Philips.)

einer Werkzeugmaschine. Daraus kann man die Forderungen, die an die Heizschleife gestellt werden müssen, ableiten: Bester Wirkungsgrad, einfache und schnelle Austauschbarkeit und große Standzeit.

Eine Heizschleife besteht aus dem eigentlichen *Heizleiter* und den *Anschlußstücken* für den HF-Strom und für das Kühlwasser. Die *Form* und der *Querschnitt* des Heizleiters werden weitgehend von der Form der Härtezone bestimmt. In den meisten Fällen verwendet man Kupferrohr als Ausgangsmaterial (Abb. 65 u. 66). In Fällen besonders hoher Stromdichten, bei dünnsten Leitern (wenn bei großen Leistungsdichten geometrisch kleine Zonen aufgeheizt werden müssen), kann man noch Silberrohre verwenden, meist kommt man mit Kupfer gut aus. Wegen der geforderten hohen Leitfähigkeit wird man Elektrolytkupfer benutzen und auch dafür sorgen, daß Kupferoxyde, die sich beim Glühen des Kupferrohres an der Oberfläche gebildet haben, durch Beizen beseitigt werden. Als Schutz gegen weiteres Oxydieren kann man die Heizschleife nach der Formgebung noch versilbern. Kupferrohre

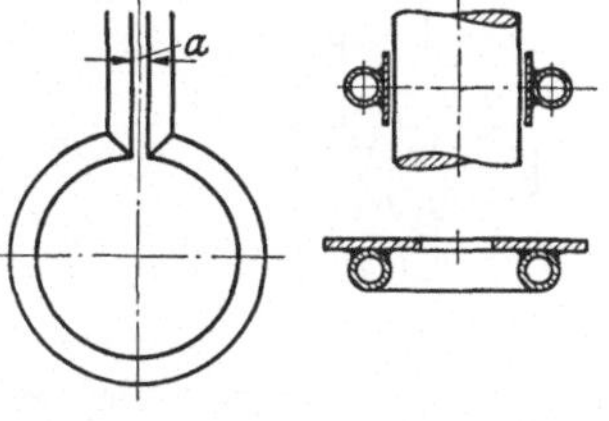

Abb. 65 u. 66. Heizschleifen.
Abb. 65. Die Heizschleifenenden müssen zur Vermeidung von Verlusten durch unnötige Induktivität bei *a* möglichst eng aneinander geführt werden.
Abb. 66. Heizschleifen mit aufgelöteten Blechen.

sind in vielen Rechteck-Querschnitten handelsüblich, z. B. 1,5×1,5, 2×3, 3×5, 5×8 mm² (Außenmaße) und größer. Bei HF kommt man mit Wandstärken von 0,3—0,5 mm aus, während man bei Mittelfrequenz Wandstärken von 1 mm verwendet. Mit dieser Reihe von Querschnitten kann man den meisten anfallenden Härteaufgaben gerecht werden.

Die Rohre werden weichgeglüht und dann gebogen (Abb. 67). Die Anfertigung der meisten Schleifen, z. B. für die Vorschubhärtung von Wellen, macht nach kurzer Anlernzeit keinerlei Schwierigkeiten. Die Anfertigung einer solchen gewöhnlichen Heizschleife erfordert in der Regel kaum eine Stunde Arbeitszeit.

Bei der Standhärtung können unter Umständen *verwickeltere Heizschleifenformen* erforderlich werden. Bei bestimmten kleinen, flachen Querschnitten wird man die Rohre beim Biegen mit feinkörnigem Schmirgel füllen müssen. Es gibt auch Fälle, in denen sich scharfe Kanten nicht umgehen lassen. Hier kommt man dann mit Biegen nicht mehr aus. Man muß die Schleife aus Teilen im Gehrungsschnitt zusammensetzen und hartlöten. Auch in diesen Fällen treten nach einer

Abb. 67. Heizschleifenanschluß an einem HF-Generator 4 kW. Heizschleife in Zylindernippel eingelötet, die mit Hilfe der beiden Rändelschrauben gegen die Kontaktschienen des Glühübertragers und gleichzeitig gegen eine Gummidichtung der Kühlwasserzuführung gepreßt werden.
(Werkbild: BROWN-BOVERI.)

Anlernzeit keine Schwierigkeiten mehr auf. Die Hersteller von Härteanlagen und -maschinen werden zum Anlernen von Bedienungspersonal auch zur Heizschleifenfertigung immer bereit sein oder auch die entsprechenden Heizschleifen selbst liefern.

Für den *Anschluß* der Heizschleifen an die *Energiequelle* sind verschiedene Systeme eingeführt. Das einfachste stellt wohl der Nippel mit Überwurfmutter dar, (Abb. 68). An den Enden des Heizleiters werden Kupfernippel mit Überwurfmuttern angebracht. Diese Nippel werden dann auf den entsprechenden Anschlußstutzen am Glühübertrager aufgeschraubt. Der Kegel im Stutzen dient hier gleichzeitig zur Stromübertragung und zur Abdichtung der Wasserzuführung. Diese einfache Anschlußart ist aber bei größeren Anschlußwerten nicht mehr möglich (etwa über 25 kW). Man verwendet dann Anschlußköpfe, die eine getrennte Zuführung von Strom und Wasser vorsehen und dabei eine größere Fläche für den Stromübergang besitzen (Abb. 69). Diese Angaben sollen nur das Grundsätzliche der Anschlüsse darstellen, im einzelnen wurden von den Lieferfirmen besondere Verfahren entwickelt, die aber auf diesen Grundformen beruhen z. B. Abb. 67.

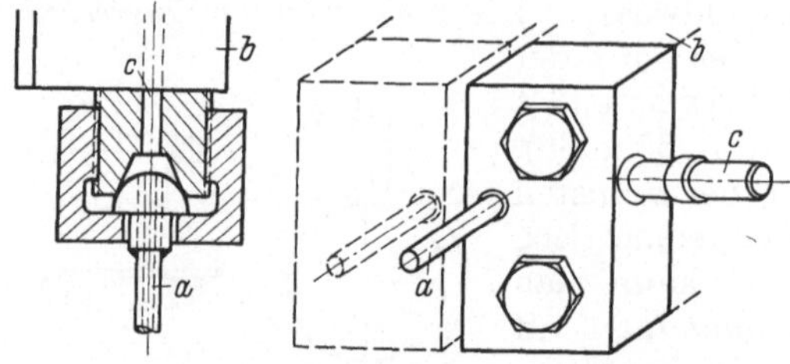

Abb. 68 u. 69. Anschlußmöglichkeiten für Heizschleifen. *a* Heizschleife, *b* Glühübertrageranschluß, *c* Kühlwasserzuführung.
Abb. 68. Einfache Nippelverbindung, etwa bis 25 kW brauchbar. Die Dichtfläche für das Kühlwasser dient auch zur Stromleitung.
Abb. 69. Anschlußplatten für große Leistungen. Die Anschlüsse für Strom und Wasser sind getrennt.

Eine besondere Bedeutung kommt der ausreichenden *Wasserkühlung* der Heizschleifen zu. Es ist nicht immer möglich, den Heizleiterquerschnitt entsprechend der zu übertragenden Leistung zu wählen. Man muß in manchen Fällen, z. B. bei der Zahnlückenhärtung, mit einem Leiter sehr kleinen Querschnittes auch bei hoher Leistung arbeiten. Um die notwendige Kühlwassermenge auch bei diesen kleinen Querschnitten zu erhalten, ist es erforderlich, mit erhöhtem Wasserdruck zu arbeiten. Die erforderliche Wassermenge beträgt bei mittleren Leistungen etwa 6 bis 12 l/min. Der Mindestwasserdruck beträgt etwa 3 bis 4 atü, kann aber bei den eben erwähnten Schleifen auf 6 bis 10 atü ansteigen. Bei größeren Leistungen wird man deshalb immer eine Umlaufanlage vorsehen (s. a. Abschn. 32, S. 37).

Für besondere Fälle, z. B. bei der gleichmäßigen Aufheizung von Flächen im Standverfahren, kann man auch Heizschleifen mit aufgelöteten Blechen verwenden (Abb. 66). Ein gutes Auflöten mit Hartlot ist dabei Voraussetzung. In den meisten Fällen wird man dabei mit einem herabgesetzten Wirkungsgrad rechnen müssen.

Wenn es in einzelnen Ausnahmefällen nötig wird, mit besonders geringem Kopplungsabstand zu arbeiten, oder wenn aus anderen Gründen die Gefahr besteht, daß das Werkstück die Heizschleife berührt, kann man die Heizschleife *isolieren*. Dafür sind verschiedene Verfahren in Anwendung. Die einfachsten sind das Zwischenlegen eines nichtleitenden Werkstoffes (Quarz, Glimmer, Keramik, Oxydkeramik) oder ein Überzug mit Einbrennlack, der allerdings den Nachteil hat, daß er beim Berühren mit dem heißen Werkstück verkohlt. Eine weitere Möglichkeit besteht im Emaillieren. Die Schmelztemperatur liegt hier genügend hoch, und wenn man ein Email mit dem richtigen, zu Kupfer passenden Ausdehnungsbeiwert wählt, hat man auch Sicherheit gegen Sprünge beim Abkühlen.

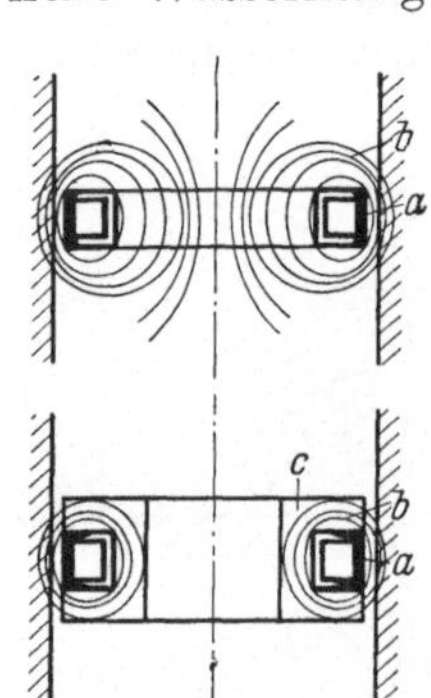

Abb. 70 u. 71. Heizschleife ohne und mit Eisenrückschluß in einer zu härtenden Bohrung. *a* Heizschleife *b* Magnetfeld. Stromverteilung im Leiter schwarz angelegt.
Abb. 70. Bei der Außenfeldhärtung, z. B. einer Bohrung, geht der größte Teil des Magnetfeldes als Streuung verloren.
Abb. 71. Eisenkern *c* in die Heizschleife eingesetzt, so daß Eisenrückschluß und größter Teil des Magnetfeldes zur Erwärmung des Werkstücks nutzbar.

Für manche Fälle ist es auch zweckmäßig, den Heizleiter zur Isolierung mit einem Schlauch aus einem Glasfasergewebe zu überziehen. Man muß den Schlauch ab und zu z. B. mit Trichloräthylen reinigen, weil das verdampfende, den Werkstücken anhaftende Öl mit Zunderteilchen einen leitenden Belag bildet, der zum Kurzschluß führen kann.

25. Heizschleifen mit Eisenkern. Bei der Energieübertragung zwischen Heizschleife und Werkstück geht viel durch Streuung verloren (Abb. 70). Ein großer Teil der Energie wird zur Aufrechterhaltung des magnetischen Flusses im Luftspalt zwischen Heizschleife und Werkstück verbraucht. Da man den Luftspalt aber praktisch nicht beliebig verkleinern kann und da auch in manchen Fällen, z. B. bei der Erwärmung im Außenfeld, besonders ungünstige Verhältnisse entstehen, muß man besondere Maßnahmen ergreifen, um eine wirtschaftliche Energieübertragung zu erreichen. Eine Abhilfe stellt die Einführung eines Eisenrückschlußes dar (Abb. 71). Man baut den Leiter in ein Eisenblechpaket ein. Die Blechdicke beträgt 0,1—0,2 mm. Die Verwendung von Eisenblechen ist hauptsächlich bei den mittleren Frequenzen üblich.

Bei *Hochfrequenz* verwendet man vielfach Kerne aus HF-Eisen. Diese bestehen aus kleinsten Eisenteilchen, meist Carbonyleisen, die in Isolierstoff eingebettet sind. Der Isolierstoffanteil muß groß sein, damit zwischen den Eisenteilchen Überschläge mit Sicherheit vermieden werden. Diese Eisenkerne bringen eine wesentliche Verbesserung der Ankopplungsverhältnisse. Sie werden meist mit einer Lack- oder Isolierstoffzwischenlage in die Heizschleife eingeklebt. Der Nachteil der Kerne besteht in ihrer noch geringen Standzeit. Die Beanspruchung durch die hohen auftretenden Feldstärken, durch die Strahlungstemperaturen und durch das Abschreckwasser ist so groß, daß die handelsüblichen Kerne ihnen noch nicht voll gewachsen sind. Es ist aber damit zu rechnen, daß in Kürze auch Kerne zur Verfügung stehen werden, die allen Anforderungen genügen. Bei den Blechkernen, wie sie bei den mittleren Frequenzen verwendet werden, treten diese Schwierigkeiten nicht auf. Bei größeren Leistungen werden die Kerne durch Kühlrohre gekühlt.

Abb. 72. Härtekopf zur Kurbelwellenhärtung. Der Härtekopf enthält die Heizschleife und die Führungselemente, abgeschreckt wird im Wasserbad (s. a. Härtemaschine Abb. 93).

26. Innenfeld und Außenfeld. Je nach der Anbringung der Heizschleife zum Werkstück unterscheidet man Innenfeld- und Außenfeldhärtung. Bei Wellen u. dgl. umfaßt die Heizschleife das Werkstück. Man arbeitet im Innenfeld. Hierbei ist der Wirkungsgrad zwischen Heizschleife und Werkstück verhältnismäßig gut (50—90%). Beim Härten von Bohrungen und ebenen Flächen arbeitet man im Außenfeld.

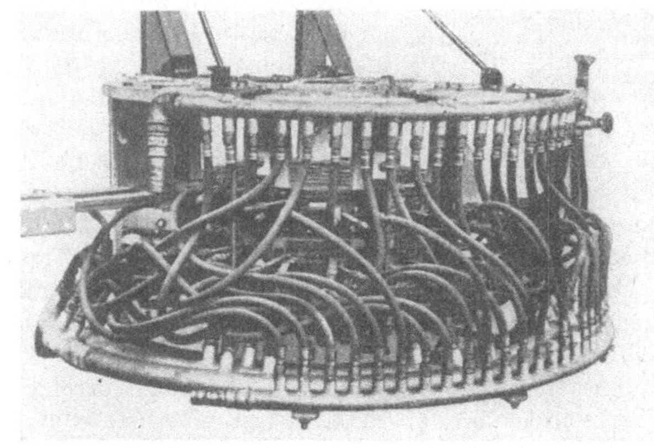

Abb. 73. Härtekopf für Kaltwalzen bis 480 mm ⌀. (s. a. Härtemaschine Abb. 99, S. 54).

Hier sinkt der Wirkungsgrad stark ab (10—30%), und es ist Eisenrückschluß zweckmäßig (Abb. 71).

27. Härteköpfe. Bei Einzweck-Härtemaschinen empfiehlt es sich, sogenannte Härteköpfe zu verwenden. Sie bestehen aus einer starren Vorrichtung, die die Heizschleife und oft auch die Abschreckbrause enthält. Vielfach sind auch Führungen angebracht, die für die Einhaltung des richtigen Abstandes zwischen Werkstück und Heizschleife sorgen (Abb. 72). Der Vorteil liegt in dem einfacheren Auswechseln und Justieren und im zuverlässigen Aufbau. Als Baustoff dienen Keramik- und Kunststoffteile und Körper, die aus Kunststoffen gegossen sind. Abb. 73 zeigt einen größeren Härtekopf.

D. Abschrecken.

28. Forderungen. Dem Abschrecken kommt die gleiche Bedeutung zu wie dem Aufheizen. Diese Tatsache wird vielfach noch nicht genügend beachtet. Das auf seine Härtetemperatur erhitzte Werkstück muß mit größerer als seiner kritischen Abkühlgeschwindigkeit abgeschreckt werden. Es ist dazu nötig, mit genügender Wassermenge, mit ausreichendem Wasserdruck und zur richtigen Zeit den Abkühlvorgang einzuleiten. Der letzten Forderung kommt besonders bei kleinen Werkstücken oder kleinen, dünnen Härtezonen Bedeutung zu. Beim Abschrecken muß man die Weichfleckigkeit genau so vermeiden wie die Härterisse. Bei den verschiedenen Härteverfahren wurden eine Anzahl besonderer Abschreckmethoden eingeführt. Neben dem unmittelbaren Abschrecken durch Abschreckbrausen und -Bäder wird auch das mittelbare Abschrecken durch Brausen auf der Rückseite der Aufheizzone angewendet. Beim Aufheizen unter Wasser oder Öl (Blankhärten) muß mit bis zu 10fach erhöhten spezifischen Leistungen gearbeitet werden.

29. Abschreckbrausen. Beim Vorschubhärteverfahren muß sofort nach dem Aufheizen abgeschreckt werden. Man verwendet hier Abschreckbrausen meist aus

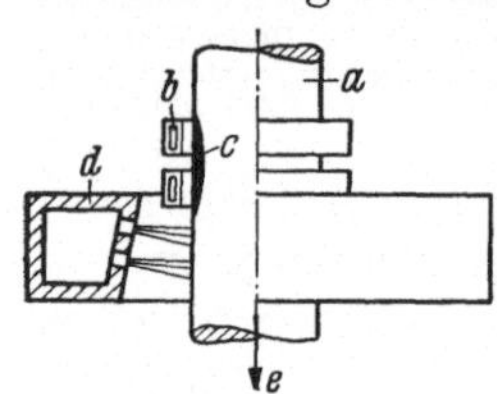
Abb. 74. Prinzip einer Ringabschreckbrause. *a* Werkstück, *b* Heizschleife, *c* Aufheizzone, *d* Ringabschreckbrause, *e* Vorschubrichtung des Werkstückes.

Kunststoffen, weil man größere Metallteile in der Nähe der Heizschleifen vermeiden muß. Sie bestehen aus einem Rohr oder einem Kasten und sind mit Löchern versehen, durch die die Abschreckflüssigkeit — meist Wasser — auf das Werkstück geleitet wird (Abb. 74). Das Wasser soll mit einem Druck von mindestens 2 atü austreten, um Dampfblasen oder Dampfschichten zu zerstören. Bei hohem Druck ist darauf zu achten, daß Wirbelbildung vermieden wird. Dies kann man durch eine günstige Strahlrichtung erreichen. Die Strahlrichtung d. h. die Richtung, in der der Wasserstrahl auf das Werkstück auftrifft, spielt aber beim Vorschubhärten noch eine weitere Rolle. Man muß vermeiden, daß das Wasser in die Heizzone eintritt, weil sonst das Werkstück die Härtetemperatur nicht oder nur schlecht erreicht. Man läßt deshalb den Wasserstrahl, um etwa 10 bis 20° von dem Lot auf die Werkstückachse abweichend, im Winkel von 80 bis 70° auf das Werkstück auftreffen.

Die Löcher in den Abschreckbrausen haben entsprechend der Werkstückgröße Durchmesser zwischen 1,5 und 4 mm. Zweckmäßig ist es, Vorkammern zur gleichmäßigen Verteilung des Wassers in den Brausen vorzusehen. Will man bei der Vorschubhärtung besonders geringe Härtetiefen erreichen, muß man dafür sorgen, daß das Abschrecken dem Aufheizen unmittelbar folgt. Eine Vergrößerung dieses Abstandes führt immer zu einer größeren Härtetiefe und bei noch weiter vergrößertem Abstand zu nicht vollständiger Aushärtung. Bei Wellen und ähnlichen Werkstücken ist der Brausekörper als Ring ausgebildet und man bezeichnet die Abschreckbrause dann als Ringbrause. Es gibt außer den Ring-Lochbrausen, die das Wasser durch Bohrungen austreten lassen, auch Schlitzbrausen, bei denen ein — teilweise verstellbarer — Schlitz als Austrittsöffnung dient, und auch die Vereinigung von Schlitz- und Lochbrausen. Auch bei Standhärtung wird vielfach mit

Abschreckbrausen gearbeitet (Abb. 75). Das ist vor allem bei kleinen Aufheizzonen nötig, weil in der Zeit, die ein Abfallen oder Eintauchen in ein Bad erfordert, die Wärme bereits abgeflossen ist. Beim Abschrecken mit Brause wird diese in solchen Fällen von einem Zeitschalter gesteuert, der das Wasser sofort nach beendetem Aufheizen oder sogar schon kurz vor Abschalten der Heizung anstellt.

30. Abschreckbäder. Wenn möglich, schreckt man beim Stand-Härteverfahren in einem Bad ab, in das das Werkstück nach beendeter Aufheizung hineinfällt oder hineingetaucht wird. Man muß dabei dafür sorgen, daß das Bad in dauernder Bewegung ist, um die gefürchtete Weichfleckigkeit durch Dampfblasenbildung zu vermeiden. In diesen Bädern kann man wahlweise alle gebräuchlichen Abschreckflüssigkeiten verwenden. Bei den Abschreckbrausen besteht bei Ölkühlung die Gefahr, daß sich Öldämpfe entzünden, man ist daher meist auf Wasser oder auf Emulsion (Abschn. 31) angewiesen.

Abb. 75. Abschreckbrause zum Härten von Blasversatzrohren (s. a. Härtebeispiel Abb. 42). (Werkbild: AEG-ELOTHERM.)

31. Abschreckmittel. Je nach der Härteaufgabe und je nach dem Werkstoff kommen alle bekannten Abschreckflüssigkeiten in Frage. In den meisten Fällen wird reines Leitungswasser verwendet. Es ist dann keine Pumpe und keine Umlaufanlage nötig — unter der Voraussetzung allerdings, daß der Wasserdruck hoch genug ist und daß bei gegebenen Rohrquerschnitten genügend Kühlwasser das Werkstück trifft. Bei größeren Generatorleistungen ist eine *Wasserumlaufanlage* (Abschn. 32) nötig. Man gewinnt dabei den Vorteil, daß man auch andere Abschreckflüssigkeiten verwenden kann. Das Abschreckvermögen von *Wasser* kann man durch Zusatz von 10% Kochsalz steigern oder durch Zusatz von kalzinierter Soda noch weiter erhöhen. Mit *Emulsion* erzielt man geringere Abschreckgeschwindigkeiten, die man in Abhängigkeit vom Mischungsverhältnis noch verändern kann (üblich ist Öl: Wasser = 1 : 80 oder 1 : 100). Bei verwickelten und empfindlichen Teilen wird man die Temperatur der Abschreckflüssigkeit noch etwas erhöhen. Eine Temperatur von 25—35° C ändert das Härteergebnis nicht und ist in jedem Fall zu empfehlen. Bei risseempfindlichen Teilen wird man die Temperatur zweckmäßig auf etwa 50—60° C bringen. Die zum Abschrecken nötige Flüssigkeitsmenge beträgt bei mittleren Leistungen (20 bis 40 kW) etwa 10 bis 20 l/min. Die Umlaufanlage ermöglicht auch wiederholbare Abschreckverhältnisse, die bei schwankendem Wasserleitungsdruck nicht gewährleistet sind.

E. Hilfseinrichtungen.

32. Wasserversorgung. Eine Induktions-Härteanlage benötigt an verschiedenen Stellen Kühlwasser, zunächst im *Generator*: Bei den *umlaufenden Umformern* arbeitet bisher nur ein kleiner Teil der handelsüblichen Arten mit Wasserkühlung. Das Wasser fließt in Kühlschlangen durch den Ständer der Maschine. Bei den *Röhrengeneratoren* dient das Wasser in den meisten Fällen nur zur Kühlung der Röhren. Der Kühlwasserbedarf liegt bei etwa 10 l/min für 10 kW Röhren-Verlustleistung. Bei dieser Wassermenge beträgt die Temperaturzunahme etwa 15° C. Es soll möglichst destilliertes Wasser verwendet werden, mindestens soll das Wasser aber keine Verunreinigungen und nicht über 10 Härtegrade haben. Der elektrische Widerstand sollte über 10 000 Ωmm²/m liegen. Es gibt auch Härteanlagen mit luftgekühlten Röhren, bei denen die durch die Anodenverlustleistung entstehende Wärme durch ein im Generator eingebautes Gebläse abgeführt wird.

Zur Wasserversorgung, vor allem von größeren Generatoren, verwendet man möglichst eine *Umlaufanlage*. Neben der Wasserersparnis wird man dadurch unabhängig vom Leitungswasser mit seinen möglichen Verunreinigungen und zum anderen kann man die Kühlwassertemperatur auf einer bestimmten Höhe halten. Dadurch wird Kondenswasserbildung auf dem Kühlsystem vermieden. Je nach der Größe und den Kühlungsverhältnissen des verwendeten Behälters muß man dann eine Kühlung des Umlaufwassers vorsehen, entweder ein Gebläse oder Kühlschlangen mit Frischwasser.

Weiteres Kühlwasser ist in den meisten Fällen zur Kühlung der *Primärwicklung* des *Glühübertragers* nötig. Hier kommt man, je nach der Leistung, mit kleinen Wassermengen von etwa 2 bis 5 l/min aus. Die *Sekundärwicklung* des Glühübertragers erhält eine Kühlung, die oft mit der Heizschleifenkühlung verbunden und von der übertragenen Leistung abhängig ist. Als Richtwert seien 10 l/min für 20 bis 40 kW genannt. Auch hier ist eine Umlaufanlage zweckmäßig. Für die Heizschleifenkühlung braucht man in besonderen Fällen höheren Wasserdruck, zumal wenn die Heizleiter (z. B. bei der Zahnlückenhärtung) einen besonders kleinen Querschnitt haben. In den meisten dieser Fälle wird man mit 6 atü auskommen, bei der Zahnlückenhärtung können bis zu 10 atü nötig werden.

Da die Forderung nach *erhöhtem Druck* in vielen Fällen auch für das Abschreckwasser zu stellen ist, wird man diese Umlaufanlage für das Heizschleifenwasser in vielen Fällen mit der Wasserversorgung für die Abschreckbrausen verbinden können. Durch die Einstellung der Wassertemperatur kann man auch die Abschreckverhältnisse besser beherrschen. Das Abschreckwasser sollte zur Vermeidung von Härterissen nie Temperaturen unter 10 bis 15° C haben. Man wird, um Kondenswasserbildung im Glühübertrager zu vermeiden, mit *Temperaturen* von etwa 25 bis 30° C arbeiten. Das Umlaufwasser wird beim Abschrecken meist mehr oder weniger verunreinigt. Man muß deshalb Schmutzfilter vorsehen und das Wasser in den Behältern in festen Zeitabständen reinigen oder ersetzen.

Für die *benötigten Wassermengen* lassen sich keine genauen Werte angeben. Die genannten Zahlen stellen angenäherte Höchstwerte dar. Für den Generator und den Glühübertrager sind sie von der Bauart der Geräte abhängig. Das Heizschleifenkühlwasser ist in seiner Menge sowohl von der übertragenen Leistung als auch von der Heizschleifenbauart bestimmt. Beim Abschreckwasser entscheiden sowohl die Abmessungen der Härtezone einschließlich der Härtetiefe als auch die Bauart der Abschreckbrause.

Beispiel einer 20 kW HF-Härteanlage: Für den Röhrengenerator werden bei Verwendung wassergekühlter Röhren etwa 20 l/min benötigt. Die Glühübertrager-Primärwicklung wird mit etwa 5 l/min gekühlt. In der Sekundärwicklung des Glühübertragers mit der Heizschleife fließen etwa 10 l/min. Zum Abschrecken benötigt man bei Entnahme voller Leistung etwa 10 bis 15 l/min. Das ergibt einen Gesamt-Wasserbedarf von etwa 50 l/min. Auch hierbei handelt es sich um einen Höchstwert. Wenn man mit Leitungswasser arbeitet, sollte man einen Mindestwasserdruck von 3 bis 4 atü zur Verfügung stellen. Andernfalls sollte man zwei Umlaufanlagen vorsehen mit je 25 l/min Förderleistung. Die Temperaturzunahme des Kühlwassers beträgt etwa 10° C. Die erste, für die Röhrenkühlung bestimmte Umlaufanlage, sollte etwa mit 3 atü und die Umlaufanlage für die Härtemaschine mit 4 bis 6 atü arbeiten. Der für die zweite Anlage geforderte Wasserdruck hängt von der Form und vom Querschnitt der Heizschleife und von der Konstruktion der Abschreckbrause ab. Beide werden vom Werkstück weitgehend bestimmt.

33. Temperatur-Meßeinrichtungen. Zum Erzielen einwandfreier Härteergebnisse ist eine wiederholbare Temperaturführung erforderlich. Die Fragen der Temperaturmessung spielen schon bei den üblichen Härteverfahren eine große Rolle und treten abgewandelt ähnlich wie beim Brennhärten auch beim Induktionshärten auf. Handelte es sich früher darum, die Temperatur in einem Ofen oder einem Bad zu messen oder zu regeln, so standen für das Meßgerät ausreichende Einstellzeiten zur Verfügung. Jetzt aber ist diese Aufgabe bedeutend erschwert und erfordert besondere Maßnahmen. Beim Induktionshärten arbeitet man mit äußerst kurzen Heizzeiten und dazu auch in den meisten Fällen mit kleinen Aufheizzonen. Das Meßgerät muß diesen Aufgaben gerecht werden.

Es wurden zunächst für das Brennhärten Einrichtungen angegeben, die mit gewissen Einschränkungen auch beim induktiven Erwärmen verwendet werden können. Die Geräte können nur *Strahlungs-Meßgeräte* sein. Sie arbeiten nach dem *Vergleichsverfahren*, bei dem die Strahlung des zu messenden Körpers mit der Strahlung eines Vergleichstrahlers verglichen wird. Bei einem Unterschied beider Strahlungen wird an einer Photo-Zelle eine Wechselspannung erzeugt, deren Größe ein Maß für die Abweichung der Werkstücktemperatur von der Solltemperatur ist. Man kann die Wechselspannung an einem Drehspulinstrument anzeigen oder über ein Relais zur Steuerung des Härtevorganges verwenden.

Eine andere Möglichkeit (Abb. 76) besteht darin, daß man in den Strahlengang eine verstellbare Blende einschaltet, die von der erzeugten Wechselspannung verstellt wird. Mit dieser Blende stellt man an der Photozelle das Strahlungsgleichgewicht her. Die Verstellung der

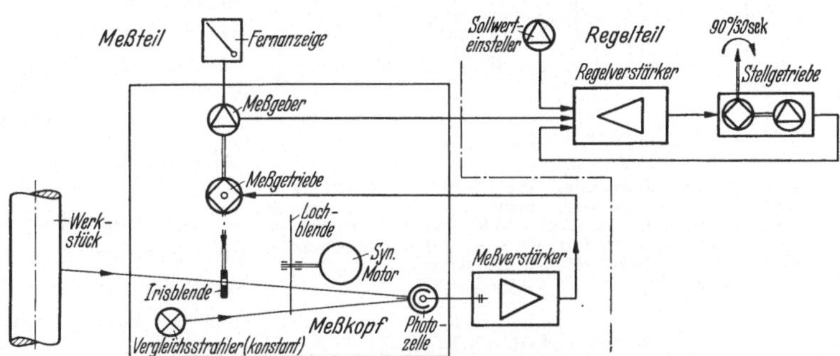

Abb. 76. Prinzipschaltung einer Temperatur-Meß- und Regeleinrichtung. Das Stellgetriebe kann zum Verstellen der Vorschubgeschwindigkeit dienen. (Werkbild: Schoppe & Faeser.)

Blende dient als Maß für die Temperaturabweichung und kann zur Fernanzeige oder auch zur stetigen Regelung der Temperatur verwendet werden. Beim Härten im Vorschubverfahren kann z. B. die Vorschubgeschwindigkeit der Heizschleife oder des Werkstückes gesteuert werden. Der Ansprechwert einer solchen Einrichtung wird mit ± 2° C angegeben. Das Wesentliche für die Anwendbarkeit der Einrichtung beim Induktionshärten ist die Strahlung der Aufheizzone, die nutzbar zur Verfügung steht. Die Mindestgröße der strahlenden Fläche soll für diese Geräte 1 mm² betragen. Es wird in vielen Fällen kaum möglich sein, selbst diese Mindestforderung ausreichend zu erfüllen, weil die Heizschleife und die Abschreckbrause die Aufheizzone weitgehend abdecken und Wasserdampf die Messung beeinflußt. Bei großen Zonen erscheint aber die Anwendung einer derartigen Messung und Regelung erfolgversprechend, weil sie gleichmäßige Ergebnisse erzielen hilft.

In den anderen Fällen gelingt es auch durch Maßnahmen an der Härteanlage, die Wiederholbarkeit der Aufheizung sicherzustellen. Dazu dienen dann Gleichhalten der Ausgangsleistung des Generators und genaue Werkstück- und Heizschleifenführung. Bei den Stand-Härteverfahren wird die Heizzeit ohnehin durch Zeitschalter hoher Genauigkeit, die in die meisten Härtemaschinen eingebaut sind, gleichgehalten, so daß es nur noch nötig ist, die oben angedeuteten Forderungen an Ausgangsleistung und Werkstückführung zu verwirklichen.

34. Schutzvorrichtungen. Die Härteanlagen müssen in jedem Falle den einschlägigen VDE-Vorschriften entsprechen. Es wird sich im wesentlichen darum handeln, Schutzverkleidungen anzubringen, die ein Berühren der stromführenden Teile unmöglich machen. Die hoch- oder mittelfrequente Niederspannung in den Heizschleifen an der Sekundärseite des Glühübertragers ist in allen Fällen vollkommen ungefährlich. Man darf nur mit Metallgegenständen, z. B. Ringen, nicht in die unmittelbare Nähe der Heizschleife kommen, weil dann Verbrennungen entstehen können. Bei der hochgespannten HF-Energie von Röhrengeneratoren ist durch Schaltungsmaßnahmen dafür gesorgt, daß kein Gleichstromanteil vorhanden ist. Das Berühren hochgespannter Hochfrequenz führt zu starken Verbrennungen. Da aber die Hochspannung führenden Schaltelemente der Berührung nicht zugänglich sind, können derartige Unfälle nicht vorkommen. Nach der berufsgenossenschaftlichen Statistik sind Unfälle, die auf die Verwendung von Hoch- oder Mittelfrequenzenergie zurückzuführen wären, bisher nicht vorgekommen, so daß es sich auch erübrigt hat, besondere Unfallverhütungsvorschriften zu schaffen.

F. Mikro-Induktions-Härtung.

Beim Induktionshärten mit Hochfrequenz gelingt es, Härtetiefen von einigen Zehntel mm zu erzeugen. Je nach der Wandstärke des Werkstückes kann man diese kleinen Tiefen der Härtezone mit großen spezifischen Leistungen, kurzen Heizzeiten, großen Vorschubgeschwindigkeiten und durch rasches Abschrecken erzielen. Für

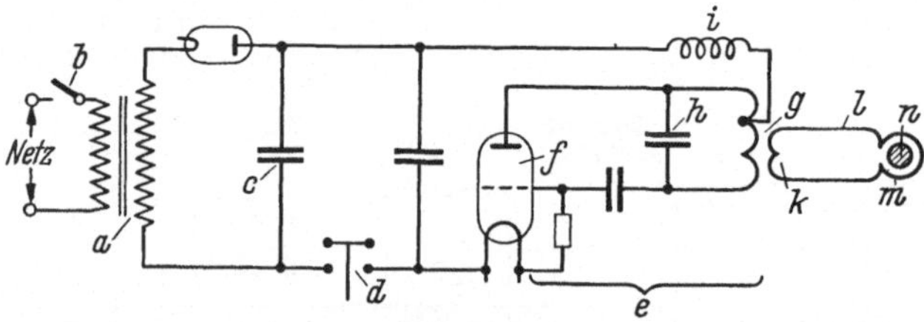

Abb. 77. Prinzipschaltbild einer Härteanlage zur Mikro-Induktionshärtung. *a* Hochspannungstransformator, *b* Ladetaste, *c* Speicherkondensator, *d* Hochspannungsanschluß zur Anodenstromtastung, *e* UKW-Sender, *f* Senderöhre, *g* Schwingspule, *h* Schwingkondensator, *i* HF-Drossel, *k* Ankopplungsspule, *l* Bandleitung, *m* Heizschleife, *n* Werkstück. (Werkbild: F. FRÜNGEL, Hamburg-Rissen.)

besonders kleine Werkstücke, z. B. Teile von Uhren, wenn die Dicke der Härtezone etwa gleich der Dicke der Weichzone wird, entstehen Schwierigkeiten, die mit den üblichen Verfahren nicht zu überwinden sind.

Für diese Zwecke wurde ein Sonderverfahren entwickelt, das den Namen Mikro - Induktionshärtung erhielt. Die notwendig werdenden äußerst kleinen Heizzeiten werden mit einem *Impulsverfahren* erzielt. Man speichert die für einen Härtevorgang nötige Energie in einem Kondensator, der dann den HF-Generator speist (Abb. 77). Die im Werkstück erzeugte Wärmemenge ist durch die Größe des Speicherkondensators und die Ladespannung stufenlos einstellbar. Man benötigt also zur Erzielung der kurzen Zeiten keine besonderen Zeitschalter. Der HF-Generator schwingt nur während der kurzen Entladungszeit des Speicherkondensators und überträgt die Energie über entsprechende Anpassungsglieder auf die Heizschleife. Es werden auf diese Art Zeiten zwischen 1/100 und 1/10 000 s erreicht. Der verwendete HF-Generator arbeitet bei einer Frequenz von 30 MHz. Infolge der kleinen Härtegebiete werden nur kleine Leistungen von etwa 50 bis 1000 Watt je nach der Werkstückgröße benötigt.

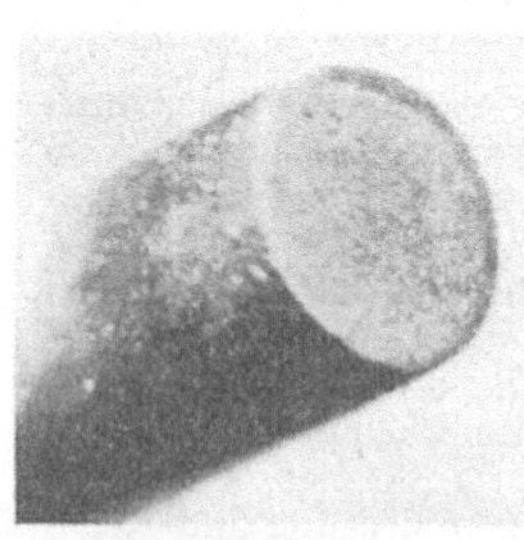

Abb. 78. Schnitt durch einen oberflächengehärteten Stahldraht von 0,8 mm Dmr. Die Härtetiefe beträgt etwa 0,08 mm. Gehärtet mit einer Anlage nach Abb. 77.

Für das Abschrecken kann man mit Eigenkühlung arbeiten. Die Härtezone wird von der kalt gebliebenen Zone stark abgekühlt, so daß die erforderlichen Abschreckgeschwindigkeiten erreicht werden. Man kann bei den hier üblichen Stählen mit 1 % C Härten von 65 Rc erzielen. Bei den üblichen Härtetemperaturen reichen die kleinen Erhitzungszeiten zur Umwandlung von weichem Stahlgefüge in Austenit nicht aus. Man arbeitet deshalb mit höheren Härtetemperaturen von etwa 1100° C, die die Umwandlungszeit herabsetzen. Dabei wird das Werkstück selbst wegen der dünnen Härteschichten nicht gefährdet. Das Verfahren ist auch anwendbar, um auf größeren Werkstücken punkt- oder strichförmige Härtezonen anzubringen. Hierbei ist, wie auch bei den anderen Induktions-Härteverfahren, Blankhärtung im Schutzgasstrom möglich, dabei dient hier das Schutzgas gleichzeitig zur Kühlung des Heizleiters in den Pausen.

Mit dem Verfahren wird es möglich, an einem Stahldraht von 2 mm $\varnothing$ eine Härtezone von 0,2 mm oder an einem Draht von 0,8 mm $\varnothing$ (Abb. 78) eine solche von 80 μ = 0,08 mm Dicke anzubringen. Bei kleinen Zahnrädchen mit einem Teilkreisdurchmesser von z. B. 9 mm gelingt es, die Zähne zu härten, ohne daß der Zahngrund, der bei den kleinen Rädchen wenig beansprucht ist, mit gehärtet wird.

Ungeachtet der noch zu überwindenden größeren Schwierigkeiten bei der Anpassung der Heizschleifen und bei der Entwicklung wirtschaftlicher Arbeitsmethoden bietet dieses Verfahren eine Möglichkeit, verschleißfeste Kleinstteile herzustellen [10].

G. Härteprüfung.

Obwohl das Induktions-Härteverfahren gleichmäßige, wiederholbare Ergebnisse liefert, wenn mit zweckentsprechenden Härtemaschinen gearbeitet wird, ist doch eine Härteprüfung sowohl beim Einrichten als auch zum Prüfen bei Reihenfertigung nötig. Man wendet sowohl das ROCKWELL C-Verfahren, als auch die VICKERS-Prüfung an. Das ROCKWELL-Verfahren liefert bei richtiger Einspannung schnell sichere Ergebnisse. Die normgemäße Prüfung arbeitet mit 150 kg Gesamtlast, und für kleine Härtetiefen ist auch die Prüfung mit 62,5 kg Gesamtlast im Gebrauch. Damit die tiefer liegenden weichen Schichten keinen Einfluß auf das Meßergebnis erhalten, soll die Eindrucktiefe nur 1/10 der Härtetiefe betragen. Für größere Härtetiefen als 0,7 mm kann man mit HRc 150 arbeiten, für Tiefen größer als 0,3 mm mit HRc 62,5. Bei kleineren Härtetiefen kommt das VICKERS-Verfahren in Betracht. Man kann durch die Prüfung bei verschiedenen Belastungen auch Anhaltspunkte für die Härtetiefe bekommen.

Wegen der Grenzen, die dem ROCKWELL-Verfahren gesetzt sind, und wegen der Vorteile, die dieses Verfahren jedoch für die betriebsmäßige Härteprüfung bietet, werden beide Verfahren nebeneinander verwendet werden. Solange die Angaben in den Zeichnungen dem entsprechen und die passenden Prüfgeräte zur Verfügung stehen, können daraus keine Schwierigkeiten erwachsen. Der Konstrukteur sollte die gewünschte Härte in den Einheiten des anwendbaren Prüfverfahrens angeben und dabei die genormten Bezeichnungen [13] wählen, die das Verfahren, die Prüflast und die entsprechende Meßeinheit enthalten. Wenn diese Angaben in den Zeichnungen fehlen oder mit den anwendbaren Prüfverfahren nicht übereinstimmen, verbleibt nur die Möglichkeit, die vorgeschriebenen Sollwerte nach den bekannten Tabellen in die Einheiten des angewendeten Prüfverfahrens umzurechnen.

H. Vor- und Nachbehandlung.

In vielen Fällen ist es möglich, induktivgehärtete Werkstücke ohne eine zusätzliche Warmbehandlung zu verwenden. Ein Vorvergüten der Werkstücke empfiehlt sich aber meist. Es bringt eine wesentliche Verbesserung der Kerneigenschaften, feineres Korn und bessere Härtbarkeit (Abb. 79).

Massenteile werden zur Verbesserung der Bearbeitbarkeit zweckmäßig einem Weichglühen oder einem Normalglühen unterworfen [14]. Bei niedrigerem C-Gehalt (unter 0,5% C) ist dabei das Normalglühen und bei höherem C-Gehalt das Weich-

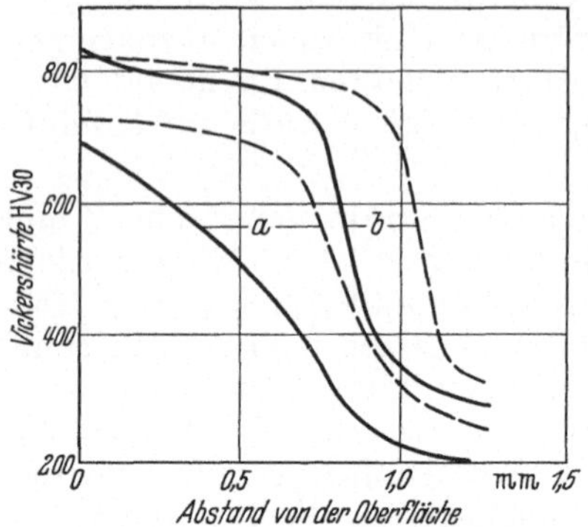

Abb. 79. Einfluß des Ausgangzustandes. *a* geglüht, *b* vergütet. — Härten: Erwärmung mit 400 kHz in 0,25 s auf 850°C Wasserabschrecken mit Brause. ——— 0,38% C; 0,19 % Si; 0,75% Mn; 0,07% Cr; 0,03% Ni. - - - 0,37% C; 0,20% Si; 1,47%Mn; 0,1%Cr; 0,32%Mo;. 0,15% Ni. (Nach BROWN.)

glühen vorzuziehen. Für Teile, wie lange dünne Wellen, die zum Verzug neigen, und auch für Werkstücke mit verwickelten Formen empfiehlt sich ein Spannungsfreiglühen bei 500 bis 600° möglichst nach der letzten Bearbeitung vor dem Härten, um Bearbeitungs- und Richtspannungen zu entfernen. Neben dem Verzug wird dabei auch die Gefahr von Härterissen weitgehend ausgeschaltet. Auch ein Entspannen vor dem Härten bringt in dieser Hinsicht Erfolge.

Das Entspannen nach dem Härten empfiehlt sich in jedem Falle. Dadurch wird die Sprödigkeit und Rißempfindlichkeit der Oberfläche wesentlich herabgesetzt. Vor allem begegnet man hierdurch der Gefahr von Schleifrissen. Die Härte wird dabei um 2 bis 3 Rc vermindert, ohne daß dadurch die Verschleißeigenschaften verschlechtert werden. Man entspannt zweckmäßig 1 bis 2 Stunden bei 150 bis 200°.

In vielen Fällen genügt bereits ein Entspannen bei niedrigeren Temperaturen (z. B. in kochendem Wasser) [17].

Zur Nachbehandlung gehört auch der Korrosionsschutz. Oberflächengehärtete Teile neigen stark zum Rosten. Es ist notwendig, entweder dem Abschreckwasser ein Rostschutzmittel hinzuzufügen oder die Teile unmittelbar nach dem Härten in Emulsion oder ein anderes Rostschutzbad einzutauchen.

V. Werkstoffe zum Induktionshärten.

Von der richtigen Werkstoffwahl hängt das Ergebnis des Härtens ganz wesentlich ab. Es ist notwendig, die Forderungen, die man an die Härtezone stellen muß, von vornherein genau festzulegen und dann den Werkstoff den Anforderungen entsprechend zu wählen. Dabei sollte der Konstrukteur die Bedingungen nicht höher ansetzen, als die Konstruktion es unbedingt verlangt.

A. Der Vorgang des Abschreckhärtens.

Beim Induktionshärten wird, wie beim Brenn- oder beim Tauchhärten, ein Abschreck- oder Umwandlungshärten [1, 14] durchgeführt. Die Vorgänge werden an Hand des Eisen-Kohlenstoff-Diagrammes klar (Abb. 80). Unter Härten versteht man dabei das Abkühlen von Kohlenstoffstählen aus Temperaturen oberhalb der Linie *G O S* mit einer Abkühlgeschwindigkeit, die größer ist als die sog. kritische Abkühlgeschwindigkeit, so daß sich das Härtegefüge Martensit bildet.

Wenn ein Stahl härtbar sein soll, muß er einen Mindestgehalt (rd. 0,35%) an Kohlenstoff haben. Die richtigen Temperaturen, aus denen abgeschreckt werden muß, liegen etwa 50° oberhalb der Linie *G O S*. Die erreichbare größte Härte ist abhängig von dem bei der Härtetemperatur gelösten C-Gehalt. Das Volumen der martensitischen Härteschicht wächst dabei in Abhängigkeit vom C-Gehalt bis zu 1%. Dabei entstehen die Druckeigenspannungen der Randzone (vgl. Abschn. 2, S. 3).

Die Härtetemperatur ist also ebenso wie die erreichbaren Härtewerte vom Kohlenstoffgehalt des Werkstoffes abhängig (Abb. 81). Die erforderliche kritische Abkühlgeschwindigkeit wird bei größerem Kohlenstoffgehalt und für legierte Stähle bei zunehmenden Legierungsbestandteilen in der Regel kleiner.

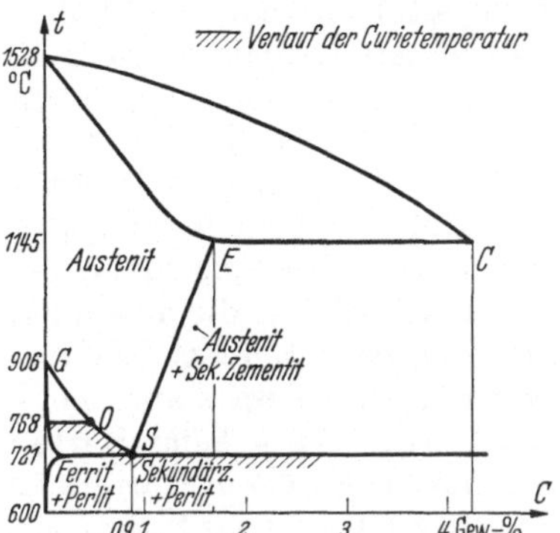

Abb. 80. Eisen-Kohlenstoff-Schaubild. Waagerechte durch $S = A_1$-Linie, Waagerechte durch $O = A_2$-Linie, $GSE = A_3$-Linie.

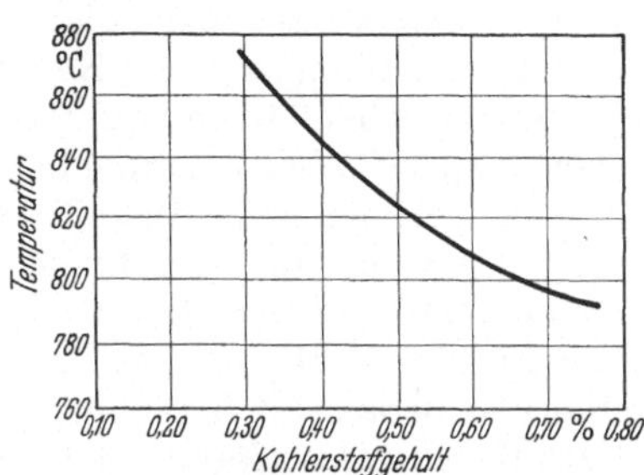

Abb. 81. Härtetemperatur in Abhängigkeit vom Kohlenstoffgehalt für unlegierte Stähle bei Wasserabschreckung.

Als wesentlicher Vorteil ist es noch zu werten, daß beim Induktionshärten die Gefahr des Überzeitens überhaupt nicht besteht, daß Überhitzungen ungefährlich sind und auch vermieden werden können, daß also eine versprödende Kornvergröberung nicht zu erwarten ist. Trotz der kurzen Erwärmungszeiten sind in der Praxis bei Anwendung zweckentsprechender Werkstoffe, auch bei Heizzeiten unter einer Sekunde, nur bei der Mikro-Induktionshärtung (Abschn. IV F, S. 40) die Grenzen der Umwandlungszeiten des Ausgangsgefüges in Austenit nachweisbar erreicht worden.

B. Gesichtspunkte für die Werkstoffwahl

Kennzeichen für einen Stahl, der induktiv oberflächengehärtet werden soll, sind vor allem seine Härtbarkeit, seine Kernfestigkeit und seine Bearbeitbarkeit. Während die Auswahl eines Stahles nach den Kerneigenschaften auch beim Induktionshärten den üblichen Grundsätzen entspricht, stellen die beiden anderen Gesichtspunkte zusätzliche Forderungen und Bedingungen [11].

35. Kerneigenschaften. Beim Induktionshärten bleibt der Kern im allgemeinen unbeeinflußt. Er kann durch eine vorhergehende Wärmebehandlung, z. B. Vergüten, in weiten Grenzen wählbare Festigkeitseigenschaften erhalten. In vielen Fällen wird man davon Gebrauch machen und den verwendeten Werkstoff vor dem Oberflächenhärten vergüten. Die erreichbaren Werte sind vom Querschnitt abhängig und den entsprechenden Normblättern oder dem Werkstoffblatt 830 (Tabelle 3, S. 46) zu entnehmen. Richtwerte sind in Abb. 82 angegeben.

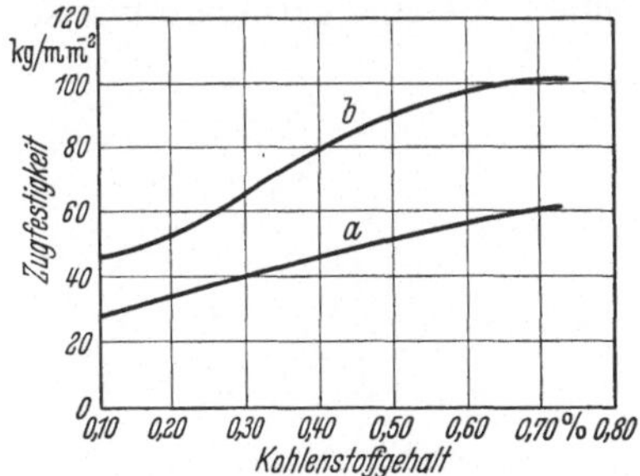

Abb. 82. Richtwerte für die Festigkeit von unlegierten Kohlenstoffstählen. a unlegierte Stähle, b vergütete unlegierte Stähle.

Man muß bei der Auswahl der Kerneigenschaften streng zwei verschiedene Beanspruchungsarten trennen, einmal die Beanspruchung in jenen Gebieten eines Werkstückes, die nicht an der Oberfläche gehärtet werden, und dann die in den oberflächengehärteten Zonen. Im ersten Fall wirken sich alle Eigenschaften voll aus und es wird die Forderung nach ausreichender Zähigkeit überwiegen. Im Zusammenwirken mit einer gehärteten Oberfläche gewinnt vor allem die Streckgrenze an Bedeutung. Da diese bei unlegierten Vergütungsstählen bedeutend höher liegt als bei den Einsatzstählen, kann man bereits aus diesem Grunde vielfach legierte Einsatzstähle durch unlegierte Vergütungsstähle ersetzen. Die Dauerfestigkeitswerte eines Werkstoffes steigen bis zu hohen Werten mit wachsender Kernfestigkeit.

Im Zusammenhang mit der Kernfestigkeit soll die *Weichzone* erwähnt werden, die beim Oberflächenhärten von hochvergüteten Stählen entstehen kann, wenn sie mit geringer spezifischer Leistung behandelt werden. Es handelt sich dabei um eine dünne Zone geringerer Festigkeit zwischen Rand und Kern, die besonders die Dauerhaltbarkeit beeinflussen kann. Diese Zone kann beim Induktionshärten mit Hochfrequenz, wo schon wegen der kurzen Heizzeiten ein Anlassen auch bei hoher Vergütungsstufe nicht auftreten kann, kaum auftreten. Auch beim Härten mit mittleren Frequenzen ist bei längeren Heizzeiten und bei größeren Härtetiefen ein derartiges Weichwerden kaum nachweisbar und hat vor allem in der Praxis noch nie zu bekanntgewordenen Beanstandungen geführt. In besonderen Fällen könnte man sich durch Verwenden anlaßbeständiger Stähle helfen.

36. Oberflächenhärte. Die erreichbaren Härtewerte steigen mit wachsendem C-Gehalt eines Stahles (Abb. 83). Eine wirtschaftlich brauchbare Härtesteigerung wird erst von einem Kohlenstoffgehalt oberhalb 0,35% an erzielt. Höchste Härtewerte erfordern etwa 0,6 bis 0,7% C. Darüber hinaus ist keine Steigerung mehr möglich. In den Abb. 84 u. 85 ist das Gefüge eines Silberstahles vor und nach dem Induktionshärten wiedergegeben. Die hohe Abkühlgeschwindigkeit, die bei unlegierten Kohlenstoffstählen notwendig ist, macht es besonders bei großen Querschnitten, bei denen große Wärmemengen abgeführt werden müssen, unmöglich, die Höchstwerte zu erreichen. In diesen Fällen wird man dann legierte Stähle verwenden, die eine geringere kritische Abkühlgeschwindigkeit haben.

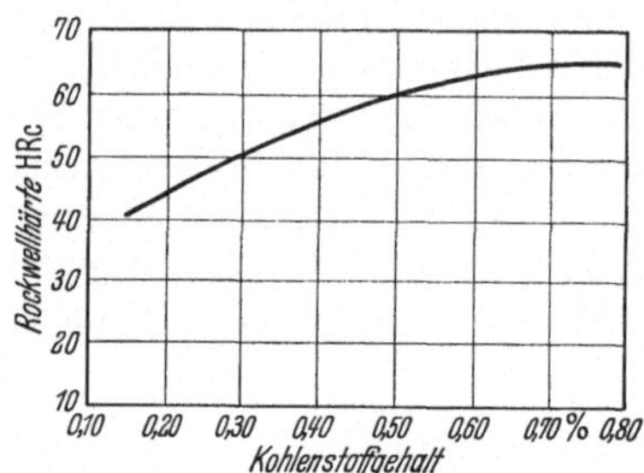

Abb. 83. Erreichbare Oberflächenhärten in Abhängigkeit vom Kohlenstoffgehalt.

Abb. 84. Ausgangsgefüge kugeliger Zementit in ferritischer Grundmasse.

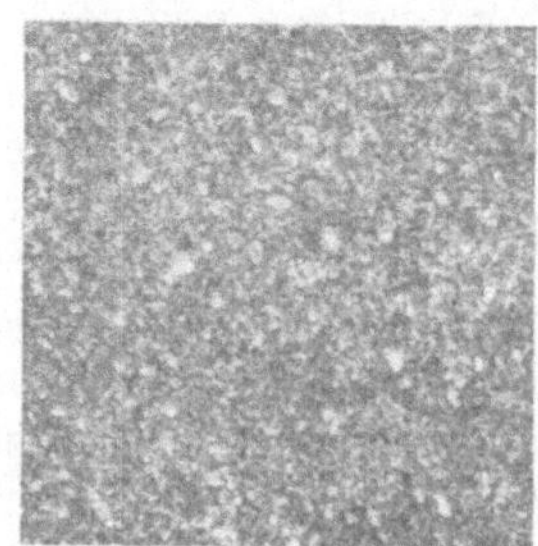

Abb. 85. Mit HF induktiv oberflächengehärtet: Aufheizzeit 1 s, HRc 64. feiner Martensit mit Resteinlagerungen von kugeligem Zementit. Das Gefüge hat infolge der Einlagerungen besonders günstige Verschleißeigenschaften.

Abb. 84 und 85. Gefügebilder von Silberstahl nach DIN 175 mit 1,1% C. V = 400 ×

Die in den Stahltabellen angegebenen Höchstwerte werden bei vergüteten Stählen mit Sicherheit und ohne Schwierigkeit erreicht. Vergütete Werkstoffe sind wegen ihres feinkörnigen Gefüges besonders bei kurzen Erhitzungszeiten erwünscht. Beim Induktionshärten, insbesondere mit hohen Frequenzen, werden im Durchschnitt um 2 bis 3 Rc höhere Härtewerte erzielt als auf Grund der üblichen Erfahrungen zu erwarten sind. Eine genaue Begründung für dieses Verhalten kann noch nicht gegeben werden. Das Hauptziel der Oberflächenhärtung ist immer das Erhöhen der Verschleißfestigkeit. Die Lebensdauer mancher Bauteile wird schon beträchtlich erhöht, wenn Härten von etwa 40 Rc erzielt werden. Die Zusammenhänge zwischen Verschleiß und Härte sind noch nicht vollkommen geklärt. Im allgemeinen kann gesagt werden, daß eine Härte von 60 Rc den Verschleiß in allen Fällen beträchtlich verringert. Durch das in jedem Falle empfehlenswerte Entspannen gehärteter Teile (Abschn. IV H, S. 41) sinken die Härtewerte um 2 bis 3 Rc, wodurch die höchste erzielbare Härte auf etwa 62 Rc begrenzt wird. Auch die höchsten Dauerfestigkeitswerte ergeben sich bei Härtegraden zwischen 58 und 62 Rc. Es ist in jedem Falle zweckmäßig, nur solche Härtewerte von einer Oberfläche zu fordern, die aus konstruktiven Gründen unbedingt erforderlich sind. Die Forderung nach höchsten Härtewerten auch für Werkstücke, die diese gar nicht benötigen, erschwert unnötig das Härten und vor allem auch die Stahlauswahl.

37. Härtetiefe. Hier gilt dasselbe. Man muß unterscheiden zwischen Bauteilen, die bereits bei geringem Verschleiß von wenigen Zehnteln unbrauchbar werden, und solchen, deren Funktion noch bei größerer Abnützung gewährleistet ist. Beim Härten mit *mittleren* Frequenzen liegen die kleinstmöglichen und auch die gebräuchlichen Härtetiefen bei etwa 1,5 bis 2 mm. Mit *Hochfrequenz* kann man auch Härtetiefen unter 1 mm, bis herab zu 0,2 mm erreichen. Die Härtetiefe ist aber nach Abschn. 7 (S. 7) nicht nur von der verwendeten Frequenz sondern mindestens im gleichen Maße von der angewendeten spezifischen Leistung abhängig.

Weitere Gesichtspunkte zur Bestimmung der richtigen Härtetiefe entstehen durch die Forderungen der Dauerfestigkeit und der Flächenpressung. Beide Beanspruchungen bedingen größere Härtetiefen. Die Dauerfestigkeit scheint oberhalb einer günstigsten Härtetiefe wieder abzunehmen. Als Richtwert, der aber meistens nicht erreicht wird, kann aus Versuchen der Wert Härtetiefe = 0,1 mal Wandstärke oder Durchmesser genannt werden. Beim Induktionshärten läßt sich praktisch jede gewünschte Härtetiefe erzielen. Grenzen sind nur gesetzt durch die Wirtschaftlichkeit und die Dauerfestigkeit. Es gibt natürlich viele Fälle, in denen weder die Dauerfestigkeit noch die Flächenpressung ausschlaggebend sind. Wenn z. B. nur der Verschleißwiderstand gesteigert werden soll, genügen Härteschichten von wenigen Zehntel mm. Hier sind die Grenzen durch die Schleifzugabe und durch den zulässigen Verzug gesteckt. Wenn man eine Welle mit kleinem Querschnitt verzugsfrei härten will, wird man immer bestrebt sein, an der unteren Grenze, die hier meist durch das Schleifaufmaß gegeben ist, zu bleiben. Hier sind dann hohe Frequenzen bei großen spezifischen Leistungen erforderlich.

Eine obere Grenze ist für die Härtetiefe auch durch die verwendete Stahlqualität gegeben. Als Härtetiefe (vgl. Abschn. 7, S. 7), ist hier die Tiefe zu verstehen, bei der die Härte unter die für den Werkstoff (z. B. in Abb. 83) gegebene Grenze absinkt. Infolge der unterschiedlichen kritischen Abschreckgeschwindigkeiten betragen die erreichbaren Härtetiefen bei Kohlenstoffstählen etwa 4 mm und bei den in der Tabelle 3 (Seite 47) aufgeführten legierten Stählen etwa 6 mm (nach Voss). Ausnahmen bilden der Stahl 40 Mn 4, bei dem etwa 4 mm erreicht werden, und der besonders für das Brennhärten entwickelte Stahl Cf 70, bei dem etwa 2 mm erreich-

Tabelle 3. *Eigenschaften der Stähle des Stahl-Eisen-Werkstoffblattes 830—50*[1].

Marke nach DIN 17006	C %	Si %	Mn %	P % (höchstens)	S %	Cr %	vergütet: Streckgrenze bis 16Ø kg/mm² (mindest)	Streckgrenze 16 bis 100Ø kg/mm²	Zugfestigkeit bis 16Ø kg/mm²	Zugfestigkeit 16 bis 100Ø kg/mm²	Bruchdehnung $L_0 = 5\,d$ bis 16Ø % (mindest)	Bruchdehnung 16 bis 100Ø %	vergütet entspannt Oberflächenhärte ≤40Ø HRc	>40≧100Ø HRc	Härtetemperatur (Wasser) °C
Ck 35	0,32—0,40	0,25—0,50	0,40—0,70	0,035	0,035	0	42	37—33	65—80	55—72	16	18—20	50—56	46—52	840—870
Ck 45	0,42—0,50	0,25—0,50	0,50—0,80	,,	,,	0	48	40—36	75—90	60—80	14	16—18	55—61	51—57	820—850
Cf 56	0,53—0,60	0,20—0,40	0,40—0,70	,,	,,	0	55	47—42	80—100	65—85	12	14—15	58—63	54—59	800—830
Cf 70	0,68—0,75	0,15—0,30	0,20—0,35	0,030	0,030	0	55	—	,,	—	9	—	60—65	—	780—810
40 Mn 4	0,36—0,44	0,25—0,50	0,80—1,10	0,035	0,035	0	65	55—45	90—105	70—95	12	14—15	52—58	50—56	820—850
37 MnSi5	0,33—0,41	1,10—1,40	1,10—1,40	0,040	0,040	0	80	65—55	100—120	70—105	11	12—14	52—58	52—58	830—850
53 MnSi4	0,50—0,57	0,80—1,00	0,80—1,00	,,	,,	0	80	,,	100—120	,,	,,	,,	55—61	55—61	(790—820)
34 CrMo4	0,30—0,37	0,15—0,35	0,50—0,80	0,035	0,035	0,90—*) 1,20	80	,,	,,	,,	,,	,,	52—58	52—58	820—840
42 Cr Mo4	0,38—0,45	,,	,,	,,	,,	,, *)	90	80—70	110—130	90—120	10	11—12	58—63	58—63	820—840
50 CrMo4	0,46—0,54	,,	,,	,,	,,	,, *)	—	60	—	80—95	—	13	58—63	58—63	820—840

[1] Auszug aus: Stähle für Flammen-, Induktions- und Tauchhärtung; Stahl-Eisen-Werkstoffblatt 830—50; 2. Ausgabe Oktober 1950, Verlag Stahleisen GmbH. Düsseldorf.

*) dazu 0,15—0,25 Mo.

bar sind. Für das Induktionshärten hat dieser Stahl keine besondere Bedeutung, weil hier auch bei kleinen Durchmessern mit richtig gewählter Frequenz und genügender spezifischer Leistung beliebig kleine Härtetiefen erzielt werden können.

38. Gleichmäßigkeit der Ergebnisse. Die erzielbaren Härtewerte und die Härtetiefe hängen von den Werkstoffwerten ab, die in den Normen nur in breiten Streubereichen festgelegt sind. Neben den Streuungen des Kohlenstoffgehaltes und den Auswirkungen der Erschmelzungsbedingungen hängt z. B. die Härtetiefe von der Korngröße ab (mit der Korngröße wachsende Härtetiefe). Man hat in den USA bereits Stähle mit garantierten Grenzen der Härtbarkeit eingeführt. Wenn dieses Verfahren auch die Werkstoff-Fragen beim Induktionshärten bedeutend vereinfachen würde, ist es doch nicht ohne weiteres sicher, ob sich ähnliches wegen der damit verbundenen Erhöhung der Zahl der Stahlqualitäten, besonders im Zusammenhang mit dem geringeren Bedarf, auch bei uns empfehlen würde.

Ein einfaches Verfahren zur Prüfung der Härtbarkeit stellt der Stirnabschreckversuch nach JOMINY dar (Stahl-Eisen-Prüfblatt 1650/50). Damit lassen sich die erreichbaren Härtewerte und die erzielbare Härtetiefe auf verhältnismäßig einfache Weise feststellen. Einfache Geräte zum Messen werden von mehreren Herstellern geliefert. Besonders beim Härten großer Reihen ist diese Probe zu empfehlen. Sie macht sich durch die Herabsetzung der Ausschußzahlen meist bezahlt.

Einen weiteren Einfluß auf die Gleichmäßigkeit der Ergebnisse übt die jeweilige Vorbehandlung der Stähle und der Werkstücke aus, wie bereits in Abschn. IV H, S. 41, ausgeführt wurde. Es ist in vielen Fällen zweckmäßig, durch Vorschriften und durch Vereinbarungen mit dem Hersteller die Voraussetzungen für gleichmäßige Ergebnisse zu schaffen.

39. Die Bearbeitbarkeit eines Werkstoffes ist eine Kenngröße für die erzielbaren Vorschubgeschwindigkeiten, für die Standzeit der Werkzeuge und für die Oberflächengüte. Mit steigendem Kohlenstoffgehalt, wie er zum Erreichen hoher Härtewerte und auch zur Steigerung der Kernfestigkeit notwendig ist, nimmt die Bearbeitbarkeit eines Stahles ab.

Die bei den Automatenstählen angewendete Steigerung der Bearbeitbarkeit durch Erhöhen des Schwefelgehaltes ist für das Induktionshärten nur bedingt und nur in gewissen Grenzen brauchbar. Durch Zusatz von 0,15—0,35% Blei wird jedoch die Bearbeitbarkeit wesentlich verbessert, ohne daß für die Härtbarkeit Schwierigkeiten entstehen sollen. Der Zusatz von Blei ist aber mit Schwierigkeiten verbunden, die noch nicht überwunden sind. Es ist zu erwarten, daß auch in Deutschland in absehbarer Zeit Stähle mit Bleizusatz lieferbar sind.

Eine andere Möglichkeit besteht im Glühen auf körnigen Perlit. Dieses Glühen wird man anwenden, wenn die entstehenden Kerneigenschaften das Vergüten erübrigen.

C. Zum Induktionshärten geeignete Stähle.

40. Baustähle. Härtbar sind grundsätzlich alle Stähle, die einen Kohlenstoffgehalt größer als 0,35% haben, d. h. bei diesen Stählen wird eine Härtesteigerung erreicht, die den Aufwand des Verfahrens lohnt (vgl. Abb. 83, S. 44). Auch die entsprechenden Maschinenbaustähle nach Din 1611 sind oberflächenhärtbar. Bei diesen Stählen sind nur die Festigkeitswerte sichergestellt, hinsichtlich des Kohlenstoffgehaltes können dagegen starke Streuungen auftreten, da die Norm es dem Lieferwerk überläßt, auf welchem Wege die gewährleisteten Festigkeiten erzielt werden. Darüber hinaus besitzen diese Stähle nur einen geringen Reinheitsgrad (P und S je bis 0,07%). Bedeutung für das Induktionshärten hat nur der Stahl St 60.11 . Er kommt in allen den Fällen in Frage, bei denen eine Härte von höchstens HRc 58 ausreichend ist und bei denen starke Streuungen zulässig sind.

41. Vergütungsstähle. a) Unlegierte Stähle. Besser genügen den Anforderungen die Vergütungsstähle nach DIN 17 200. Das Normblatt enthält noch zwei Qualitäten unlegierter Kohlenstoffstähle, die sich nur durch den Reinheitsgrad unterscheiden. Die C-Stähle enthalten höchstens je 0,045% P und S, während die Ck-Stähle als Edelstähle den höchsten Reinheitsgrad haben mit je höchstens 0,035%

P und S. Die Vergütungsstähle (z. B. C 45) eignen sich infolge ihres Reinheitsgrades und der geringeren Streuung der Analyse schon besser für das induktive Härten als die Stähle nach DIN 1611. Für schwierige Bauteile sind aber die Edelstähle (z. B. Ck 45) vorzuziehen. Das Stahl-Eisen-Werkstoffblatt (Tabelle 3), das durch eine Zusammenstellung der wichtigsten Induktionshärtestähle und ihrer wesentlichsten Eigenschaften versucht, dem Konstrukteur die Werkstoffwahl zu erleichtern, enthält deshalb nur noch die Edelstähle Ck 35 und Ck 45. Als weitere unlegierte Kohlenstoffstähle enthält diese Werkstoffzusammenstellung noch die Stähle Cf 56 und Cf 70, die bei höherem Kohlenstoffgehalt einen geringeren Gehalt an solchen andern Legierungselementen aufweisen, die die Durchhärtung fördern (besonders Cf 70). Die Stähle C 35 und Ck 35 finden nur beschränkte Anwendung beim Induktionshärten. Sie kommen nur für gering beanspruchte Bauteile des Maschinen- und Fahrzeugbaues in Frage. Ihre Schweißbarkeit ist noch gut. C 45 und Ck 45 sind die hauptsächlich verwendeten Stähle. Die mittleren erreichbaren Härtewerte liegen hier bei HRc 58 $\pm$ 2. Dieser Stahl wird demzufolge für Nockenwellen, kleine Kurbelwellen, gering beanspruchte Zahnräder, Getriebewellen, Kipphebel und viele Teile aus dem Maschinenbau und Fahrzeugbau verwendet. Sollen höhere Härtewerte erzielt werden, kommt neben Ck 53 der Werkstoff Cf 56 in Betracht. Er wird verwendet für solche Werkstücke, bei denen hoher Verschleißwiderstand gefordert wird und deren Formgebung keine Rißgefahr erwarten läßt, z. B. Bolzen (Kettenbolzen, Kolbenbolzen), Spindeln (Bohrspindeln, Drehbankspindeln), Getriebeteile, Wellen, Walzen, Hebel, Prismen und Schneiden aller Art. Der Stahl Cf 70 wird beim Induktionshärten kaum verwendet, weil seine Haupteigenschaft, die geringe Einhärtung, hier nicht benötigt wird. Man kann bei hohen und auch bei mittleren Frequenzen die Härtetiefen vom Verfahren her beherrschen.

b) Legierte Stähle. Für Teile, bei denen höhere Kernfestigkeiten gefordert werden, kommen legierte Stähle in Frage. Die legierten Stähle des Werkstoffblattes entsprechen im wesentlichen DIN 17 200. Sie haben höhere Kernfestigkeiten und eine größere erreichbare Härtetiefe. Der Werkstoff 40 Mn 4 hat bei höheren Kernfestigkeitswerten die gleichen Eigenschaften wie Ck 45. Die Stähle 37 MnSi 5 und 34 CrMo 4 erreichen bei erhöhter Kernfestigkeit nur eine mittlere Oberflächenhärte und kommen demgemäß für Kurbelwellen aus dem Fahrzeugbau, Baggerbolzen und ähnliche Teile in Frage. Für Teile, die sowohl hohe Härtewerte als auch große Kernfestigkeit erhalten sollen, wählt man höher gekohlte Stähle wie 53 MnSi 4, 50 CrMo 4 und 50 CrV 4. Beispielsweise werden diese Werkstoffe für Zahnräder mit kleinem Modul, Bohrstangen, Getriebewellen und Kupplungen verwendet. Stähle mit mehr als 2% Cr sollen wegen der schwer löslichen Chromkarbide nur vorvergütet verwendet werden.

42. Automatenstähle. Zur Induktionshärtung von Massenteilen, bei denen es besonders auf gute Bearbeitbarkeit ankommt, verwendet man Automatenstähle mit erhöhtem C-Gehalt. Die Stähle 45 S 20 und 60 S 20 lassen Schnittgeschwindigkeitswerte von etwa 50 bis 60% der bei 9 S 20 erzielten Werte erreichen. Wenn diese Stähle vom Lieferwerk gut auf körnigen Perlit geglüht werden, lassen sich diese Werte noch verbessern.

Es besteht bei diesen Stählen die Gefahr von Einschlüssen und von Zeilenbildung, die die erreichten Härtewerte infolge der kurzen Erhitzungszeiten, die hier in Frage kommen, herabsetzen können. Im allgemeinen treten aber bei Massenteilen keine Schwierigkeiten in dieser Richtung auf. Die verminderte Bearbeitbarkeit wird durch die Vorteile voll aufgewogen, die gerade bei Massenteilen hinsichtlich der Wirtschaftlichkeit der Warmbehandlung und durch die gute Wiederholbarkeit der Ergebnisse erzielbar sind.

43. Ausländische Stähle. Die ausländischen Normen enthalten ebenfalls eine große Zahl von Stählen, die induktiv härtbar sind. Sie sind teilweise nach völlig anderen Gesichtspunkten geordnet. Unter den SAE-Stählen in den USA (SAE = Society of Automotive Engineers) hat z. B. SAE 1045 einen C-Gehalt von 0,43 bis 0,50% C und 0,6 bis 0,9% Mn. SAE 4340 hat 0,4 bis 0,45% C bei 0,9 bis 1,2% Cr, 0,5 bis 0,8% Mn und 0,2 bis 0,35% Mo. In den British Standards gibt es z. B. den Stahl En 8 D mit 0,35 bis 0,45% C bei 0,7 bis 0,9% Mn und die Qualität EN 24 mit 0,35 bis 0,4% C bei 0,9 bis 1,4% Cr, 0,45 bis 0,7% Mn, 1,3 bis 1,8% Ni und 0,2 bis 0,35% Mo.

D. Zum Induktionshärten geeignete Gußwerkstoffe.

44. Stahlguß (Abb. 86 u. 87). Für Stahlguß nach DIN 1681 gelten im wesentlichen die gleichen Einschränkungen, die bei den Maschinenbaustählen gemacht

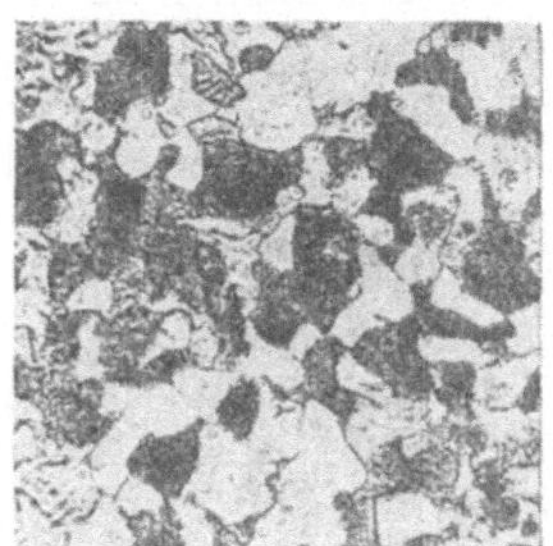

Abb. 86. Ausgangsgefüge Ferrit–Perlit-Kerngefüge, gut homogenisiert.

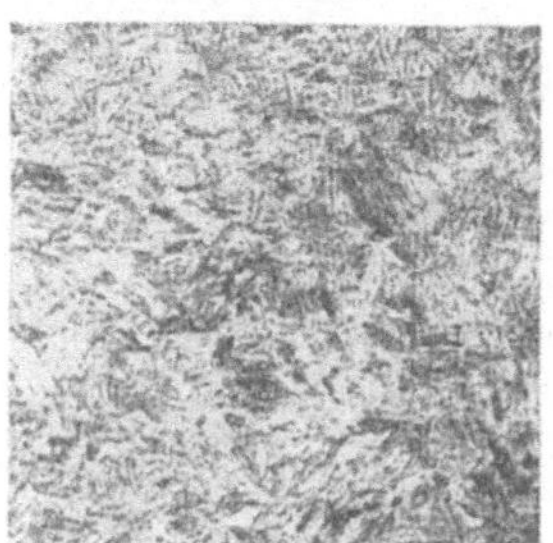

Abb. 87. Mit HF 400 kHz induktiv oberflächengehärtet, Heizzeit rd. 4 s. Feiner Martensit.

Abb. 86 und 87. Gefügebilder von Stahlguß (0,42% C, 0,35% Si, 1,4% Mn). V = 400 ×

wurden. Man muß eine Legierung mit genügend hohem C-Gehalt wählen und dabei die großen möglichen Streubereiche in Kauf nehmen. Die entkohlte Randschicht muß entfernt werden. Ähnlich wie bei den Vergütungsstählen wählt man die legierten Stahlgußarten.

45. Grauguß. Die Härtbarkeit von Grauguß ist im wesentlichen von dem Gehalt an gebundenem Kohlenstoff abhängig. Ein härtbares Gußeisen soll 0,5 bis 0,9% gebundenen Kohlenstoff enthalten. Der Gesamtkohlenstoffgehalt soll dabei 3% nicht übersteigen. Beste Ergebnisse werden bei einem perlitischen oder auch ferritisch-perlitischen Gefüge erzielt. Ein solches Grundgefüge wird durch Zusatz von Mn und von Si erreicht. Auch durch Zusatz von Nickel wird die Oberflächenhärtbarkeit verbessert. Mn fördert die Perlitbildung, Si die Graphitausscheidung und Ni vergrößert die Härtetiefe und verbessert die Verschleißfestigkeit.

Groblamellarer Graphit begünstigt Mikrorisse und verringert die Verschleißfestigkeit. Feinverteilter Graphit, der bei einem Gesamtkohlenstoffgehalt unter 3% besser erzielt wird, ist anzustreben. Kugelförmig ausgebildeter Graphit läßt dabei die besten Ergebnisse erwarten (Meehanite, Sphärolithguß, Kugelgraphit-GG). Maschinenguß nach DIN 1691 ist gut zum Härten geeignet. Bei einem Mindestgehalt an gebundenem C von 0,5% werden Härtewerte um 50 Rc erreicht, wobei die verhältnismäßig niedrigen Härtewerte im Vergleich zum C-Gehalt auf die Beeinflussung der Rockwell-Prüfung durch die Graphitadern zurückzuführen ist. Kugelgraphitgußeisen läßt Werte um 60 Rc erreichen. Die *günstigste Härtetemperatur* kann man nach der Formel von Piwowarsky errechnen:

$$t = 730 + 28 \times Si - 25 \times Mn. \tag{8}$$

Bei höheren Temperaturen (1100° C) kann ein ledeburitisches Härte-Gefüge mit den Eigenschaften von Hartguß erzielt werden.

Zur Verbesserung der Laufeigenschaften dienen zunächst die Graphitadern, die bei den üblichen Härtetemperaturen erhalten bleiben und für den Schmiervorgang von Bedeutung sind. Bei höheren Temperaturen werden ähnliche Verbesserungen mit Hilfe des Steaditnetzes (Phosphideutektikum) erzielt, die sich gerade beim Oberflächenhärten voll auswirken. Bei Gußeisen muß man, um gleichmäßige Ergebnisse zu erhalten, noch mehr als bei den Stählen auf gleichmäßige Erschmelzungsbedingungen achten. Der Härtbarkeitsprüfung kommt erhöhte Bedeutung zu. Das Härten von Gußeisen hat besonders für Führungsbetten [6, 8] und für Laufbüchsen Bedeutung erlangt.

Abb. 88. Umschaltbare HF-Härteanlage. Der HF-Generator 30 kW 500 kHz (Bauart: HÜTTINGER) wird durch einen HF-Umschalter wahlweise mit einer selbsttätigen Härtemaschine für Achsschenkelbolzen (Abb. 89) und mit einer halbselbsttätigen Härtemaschine für Ölpumpenwellen verbunden. (Bauart: Fritz DÜSSELDORF.)

46. Temperguß. *Weißer Temperguß* besteht infolge des entkohlenden Temperns am Rande aus reinem Eisen. Der Guß wird — wenn nötig, nach Entfernen der dünnen Oxydhaut — eingesetzt und dann örtlich induktiv oberflächengehärtet. Nur bei diesem Verfahren gelingt es, den perlitischen Kern und die gewünschte Dauerfestigkeit zu erhalten. Gerade bei diesem Werkstoff kommen die Vorteile der Induktionshärtung wegen der geringen Eindringtiefe und der kurzen Heizzeiten voll zur Geltung.

Bei dem bei uns weniger gebräuchlichen *schwarzen Temperguß* ist bei Vorhandensein von 0,5 bis 0,6% C als Zementit das Induktionshärten unmittelbar ohne vorheriges Aufkohlen möglich. Auch hier bleiben die Dauerfestigkeitswerte, die bei Temperguß besondere Bedeutung haben, erhalten oder werden durch die Oberflächenhärtung noch gesteigert.

Abb. 89. Härtevorrichtung zur Härtemaschine für Achsschenkelbolzen (Abb. 88). Das Werkstück wird aus einem Magazin von einem Förderband durch die Heizschleife und die Abschreckbrause bewegt. Durchsatz: 350-Bolzen/Stunde.

Es wurden schon überzeugende Erfolge mit diesem Verfahren im Kleinmaschinenbau bei der Härtung von Gleitbahnen, Schwinghebeln und ähnlichen Teilen erzielt, die neben hohem Verschleißwiderstand auch eine große Dauerfestigkeit erfordern (Abb. 50, S. 28).

VI. Härtemaschinen.[1]

Bei den herkömmlichen Härteverfahren nehmen die in der Härterei zusammengefaßten Bäder und Öfen die Werkstücke auf. Beim Induktionshärten steht die Härteanlage im Idealfalle in der Fertigungsstraße unmittelbar zwischen den Werkzeugmaschinen. Die Werkstücke werden einzeln bearbeitet, und die stündlich gehärteten Stückzahlen müssen die gleichen sein, wie auf den anderen Maschinen der Straße. Schließlich ist eine hohe Genauigkeit der Werkstückführung zur Einhaltung des Abstandes zwischen Heizschleife und Werkstück notwendig, als Voraussetzung für wiederholbare Ergebnisse. Aus allen diesen Gründen und auch, damit die Härteanlagen von angelernten Arbeitskräften bedient werden können, ist die Forderung nach Härtemaschinen entstanden, die ausgesprochene Werkzeugmaschinen sind, gekennzeichnet durch einfache Bedienung, große Stückleistung und größte Betriebssicherheit.

Abb. 90. Schliffbild eines induktiv gehärteten Achsschenkelbolzen (s. Abb. 88, 89).

A. Einzweck-Härtemaschinen.

Die Vorteile des Induktions-Härteverfahrens kommen bei der Anwendung von Einzweckmaschinen, das sind Maschinen, die von vornherein nur zur Bearbeitung eines bestimmten Werkstückes entwickelt und diesem Werkstück angepaßt werden, am besten zur Geltung. Beispiele sind in Abb. 88—99 wiedergegeben. Diese Maschinen kann man in die Fertigungsstraße einordnen. Sie erfordern bei einfacher Bedienung die geringsten Neben- und Einrichtezeiten und erlauben die Bearbeitung größter stündlicher Stückzahlen. Meist wird vollkommen selbsttätige Arbeitsweise angestrebt. Der Bedienende hat nur die Werkstücke in ein Füllmagazin einzulegen. Erhitzt und abgeschreckt wird vollselbsttätig. Zum Einschalten ist meist ein Druckknopf vorgesehen, und zur Anzeige des ordnungsgemäßen Arbeitens dienen Kontrollampen und Meßinstrumente. Der Preis einer derartigen Maschine spielt meist eine untergeordnete Rolle, weil eine rasche Tilgung infolge großer Werkstückzahlen

Abb. 91. HF-Härtenanlage für Nadellagerbüchsen und Gelenkwellenkreuze. Werkstücke auf Spanndorn einer Zentriervorrichtung aufgeschoben und dann vollselbsttätig auf umlaufenden Arbeitsspindeln mit Magnetspannplatten gehärtet und getrennt in besonderen Ablaufrinnen ausgeworfen. Anlage arbeitet mit 25 kW-HF-Röhrengenerator und härtet 600 Stück jeder Werkstücksart in der Stunde. (Werkbild: AEG-ELOTHERM.)

---

[1] Wie schon hervorgehoben wurde, ist die Anwendung des Induktionshärtens noch in stetiger Entwicklung. Dennoch war es möglich, mit den Abbildungen und den in den Unterschriften dazu gegebenen Daten auf eine ganze Anzahl ausgeführter deutscher Induktionshärteanlagen hinzuweisen. Eine Vollständigkeit war dabei natürlich nicht möglich. In keinem Fall ist ein Werturteil durch Wiedergabe oder Nichterwähnung von Erzeugnissen bestimmter Herstellerfirmen beabsichtigt. — Der Verfasser war vor allem bemüht, einen solchen Überblick auch über die Härtemaschinen zu geben, daß der Leser sich ein Bild von den Verwendungsmöglichkeiten dieses Verfahrens machen kann.

Abb. 92. Wellenhärtemaschine. Härteablauf, Vorschub, Schnellganggeschwindigkeiten und Vorheiz-
zeiten von einem Programmlineal selbsttätig gesteuert. Härtelänge 1000 mm. Werkstück zwischen
Spitzen gespannt, dreht sich während der Härtung.
Leistung mit Hilfe eines feinstufigen Kondensators
abstimmbar. Maschine arbeitet mit einem Mittelfrequenzumformer (Bauart: SIEMENS-SCHUCKERT).
37 kVA, 10 kHz. Stundenleistung 20 Wellen.
(Werkbild: RISSEN GmbH, Hamburg-Rissen.)

Abb. 93. Härteanlage für Kurbelwellen. Aufnahmevorrichtung der
Härtemaschine mit 4 Kurbelwellen beschickt. Es werden mit Hilfe
eines offenen, umgreifenden Heizkopfes (Abb. 72, S. 35) die 4 gleichen Zapfen an den 4 Wellen hintereinander gehärtet. Gehärtet
und geschaltet wird selbsttätig. Die aufgeheizten Zapfen werden in
einem Wasserbad, das zur Vermeidung von Weichfleckigkeit besondere Strahlrohre enthält, abgeschreckt. In dieser Art werden die
einzelnen Zapfentypen nacheinander durch seitliches Verschieben
des Härtewagens, der den Glühübertrager enthält, gehärtet. Bei
Maßabweichungen der einzelnen Zapfen dauert ein Umwechseln des
Heizkopfes nur wenige Sekunden. Das Beschicken der Anlage benötigt etwa 10 Minuten, die durch Verwenden einer Doppelmaschine
noch eingespart werden können. Die Anlage arbeitet beim Härten
von Pkw- und auch Lkw-Wellen mit einer MF-Leistung von 100 kW
und bei größeren Wellen mit 200 kW (meist 10 kHz). Heizzeiten
zwischen 10 und 40 Sekunden (s. a. Abb. 13 u. 14, S. 13). (Werkbild: AEG-ELOTHERM.)

immer gewährleistet ist. Die Maschinen sind so ausgelegt, daß
sie die angeschlossene Generatorleistung voll nutzen. Ein gewisses
Anpassen an verschiedene Maße
der gleichen Werkstücke ist meist
durch einfaches Umwechseln von
Schablonen oder durch Wahlschalter möglich. Mit der Aus-
nahme von Bolzen- oder Wellen-
härtemaschinen gibt es hier kaum
einheitliche Bauarten.

B. Universal-Härtemaschinen.

So erstrebenswert die Anwendung der Einzweckmaschinen
zweifellos ist, gibt es unter euro-

Abb. 94. Kurbelwellen-Härteanlage. Die Maschine arbeitet
im Umfangs-Vorschubverfahren. Vom Einlegen der Welle
bis zum Umschalten der beiden Maschinenteile, die zur
Härtung des Hub- und des Mittellagers eingerichtet sind,
werden alle Vorgänge selbsttätig ausgelöst. Die Maschine
arbeitet mit einem HF-Röhrengenerator 40 kW (Bauart:
SIEMENS-SCHUCKERT). Die HF wird mit einem 8fachen
Schalter mit Motorantrieb umgeschaltet. Härteleistung
30 Wellen/Std. bei einer größten Härtetiefe von 2,5 mm.
(Werkbild: RISSEN GmbH.)

päischen Verhältnissen leider nur wenige Anwendungsmöglichkeiten dafür, weil nur wenige Fertigungen hinreichend hohe Werkstückzahlen erreichen. Am ehesten ist das im Fahrzeugbau und in der feinmechanischen Fertigung möglich.

Für die anderen Fertigungszweige müssen neue Wege gesucht werden, das Induktionshärten wirtschaftlich einzusetzen. Diesem Ziel dient vor allem die Universalmaschine. Sie muß bei kleinsten Umrichtezeiten das Härten von kleinen Reihen verschiedenartiger Werkstücke erlauben. Dadurch läßt sich, wie die Erfahrungen zeigen, das Induktionshärten für weite Bereiche der industriellen Fertigung wirtschaftlich brauchbar machen. Wenn auch nicht alle Vorteile der Einzweckmaschinen zu erreichen sind und die Härteanlage in vielen Fällen wieder an einer zentralen Stelle, z. B. in der Härterei, aufgestellt werden muß, ergibt sich

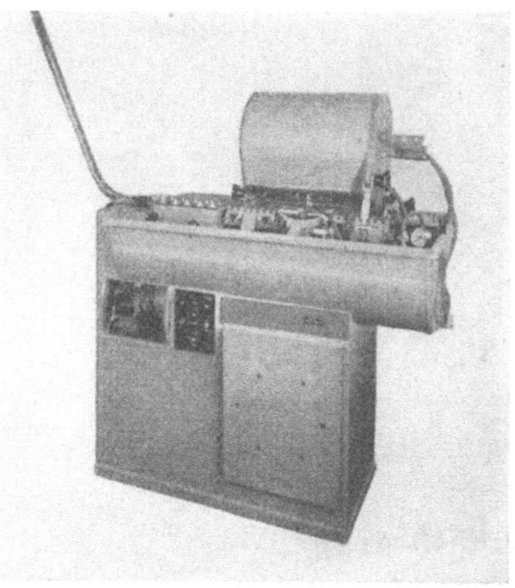

Abb. 95. Kolbenbolzen-Härtemaschine. Härteautomat für Bolzen von 10 bis 70 mm Dmr. und 60 bis 250 mm Länge. Maschine arbeitet ununterbrochen im Durchlaufverfahren (Umlauf-Vorschub). Stromversorgung HF-Generator von 25 kW Ausgangsleistung (Werkbild: SCHOPPE & FAESER.)

ihre Wirtschaftlichkeit auch hier durch verhältnismäßig schnelle Tilgung der Anlagekosten. Die Universal-Härtemaschinen (Beispiele s. Abb. 100—110) müssen

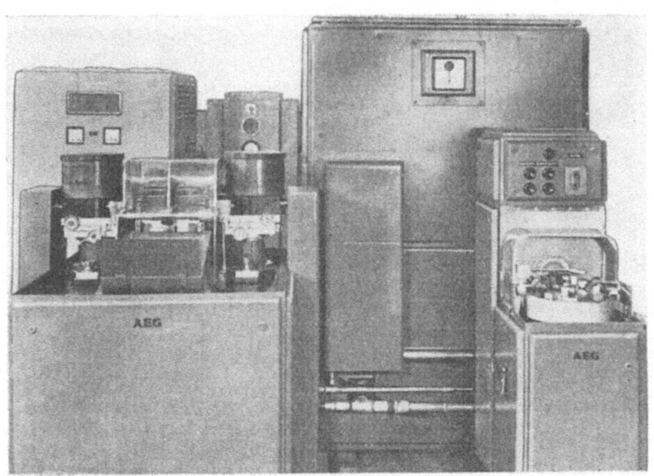

Abb. 96. Doppel-Härteanlage. An 20 kW-HF-Röhrengenerator können durch Umklemmen wahlweise zwei verschiedene Einzweck-Härtemaschinen angeschlossen werden. Linke Maschine mit zwei Glühübertragern ausgerüstet, dient zum Härten der beiden Enden von Ventilstoßstangen im Durchlaufverfahren. Leistung 2000 Stangen/Std. Auf der zweiten Maschine (rechts) können je 1000 Kipphebel und Kugelbolzen in der Std. gehärtet werden. (Werkbild: AEG-ELOTHERM.)

so gebaut sein, daß darin mit möglichst wenigen Vorrichtungen viele verschiedenartige Werkstücke zu spannen sind. Diese *Spannvorrichtungen* müssen sich für die verschiedenen Induktions-Härteverfahren eignen. Ebenso muß die Maschine

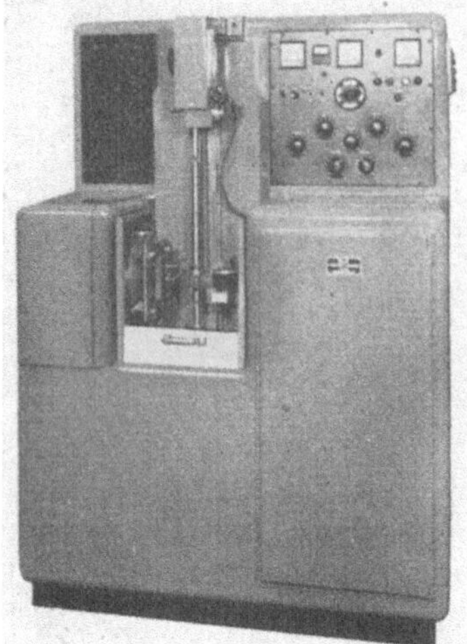

Abb. 97. Bolzen-Härtemaschine. Maschine bei halbselbsttätiger Arbeitsweise für Bolzen bis 50 mm Dmr. und bis 350 mm Länge im Umlauf-Vorschubverfahren geeignet. Selbsttätiger Ablauf des Härtevorgangs kann an einem Wahlschalter voreingestellt werden. Hubwerk für das Werkstück über Ritzel und Zahnstange von einem Getriebemotor angetrieben. Maschine grundsätzlich zum Betrieb mit Generatoren verschiedener Frequenz und Leistung geeignet. (Werkbild: SCHOPPE & FAESER.)

Abb. 98. Zahnrad-Härtemaschine. Maschine geeignet für Zahnräder mit Außendurchmesser zwischen 80 und 1000 mm, Modul größer als 5 und größte Breite 200 mm bei einem Schrägungswinkel zwischen 0 und 10°. Zahnlücken-Vorschubverfahren. Mittelfrequenzgenerator 10 kHz, 70 kVA. Härtetiefen zwischen 1,0 und 2,5 mm. Gehärtet und weitergeschaltet wird selbsttätig. Zählwerk schaltet Maschine nach einer voreingestellten Zähnezahl ab. Härtebeispiel: Zahnkranz mit 52 Zähnen, Modul 5,5, Breite 150 mm, Härtetiefe 1,5 mm, Gesamtzeit für das Härten eines Rades 35 min. (Werkbild: SCHOPPE & FAESER, Minden)

Abb 99. Härtemaschine für Kaltwalzen. Maschine arbeitet im Umlauf-Vorschubverfahren. Härtekopf (Abb. 73, S. 35) an dem senkrecht beweglichen Schlitten befestigt. (Werkbild: AEG-ELOTHERM.)

Abb. 100. Universal-Härtemaschine für Wellen, Bolzen und Nockenwellen. Die Härtezonen können an einer Steuerschiene eingestellt werden. Maschine arbeitet mit Mittelfrequenzumformer 50 oder 70 kW. (Werkbild: EMA, Hirschhorn.)

möglichst sowohl für das *Stand*-Härteverfahren als auch für die *Vorschub*-Härtung eingerichtet sein (s. Abschn. 47 u. 48).

Wenn auch bei diesem Maschinentyp eine gewisse Vereinheitlichung möglich erscheint, so weichen doch die meisten Anlagen voneinander ab, weil sie jeweils einem bestimmten Programm von Werkstücken angepaßt werden. Immerhin gibt es bereits Universalmaschinen, die vom Hersteller für ein Programm von mehr als 50 verschiedenen Werkstücken eingerichtet wurden. Die Hauptaufgabe liegt hier neben den Werkstückaufnahmen vor allem bei der Anpassung der verschiedenen Heizschleifen und Abschreckbrausen. Eine derartige Härteanlage macht sich trotz der Umrichtezeiten, die sich je Werkstück auf etwa 20 Minuten beschränken

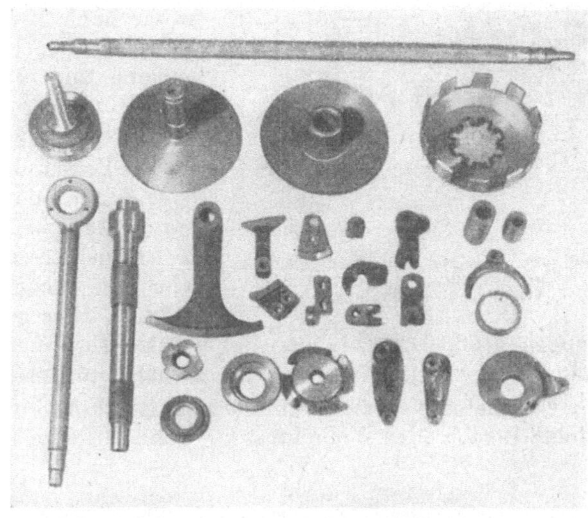

Abb. 101. Auswahl von Werkstücken, wie sie auf der Universal-Härtemaschine (Abb. 19) gehärtet werden. (Werkbild: Fritz DÜSSELDORF.)

lassen, in kürzester Zeit bezahlt, vor allem wenn sie in mehreren Arbeitsschichten im Betrieb ist.

C. Härtevorrichtungen für die Härtemaschinen.

Die Bauelemente zum Spannen und Führen des Werkstückes bezeichnet man als Härtevorrichtungen (Abb. 102). Sie sind Bestandteil sowohl der Einzweckmaschinen als auch der Universalmaschinen. Bei der letztgenannten müssen diese Vorrichtungen leicht und schnell austauschbar sein, und schaffen damit erst die Möglichkeit der universellen Anwendung.

47. Vorschubeinrichtungen. Zum stetigen Bewegen des Werkstückes oder des Härtekopfes dienen Vorschubgeräte. Sie werden entweder mit Spindeln oder hydraulisch angetrieben. Beide Möglichkeiten gestatten eine wiederholbare Feineinstellung des Vorschubes und beide bieten die Möglichkeit zur selbsttätigen Steuerung. Bei der Vorschubhärtung empfiehlt es sich immer, das Werk-

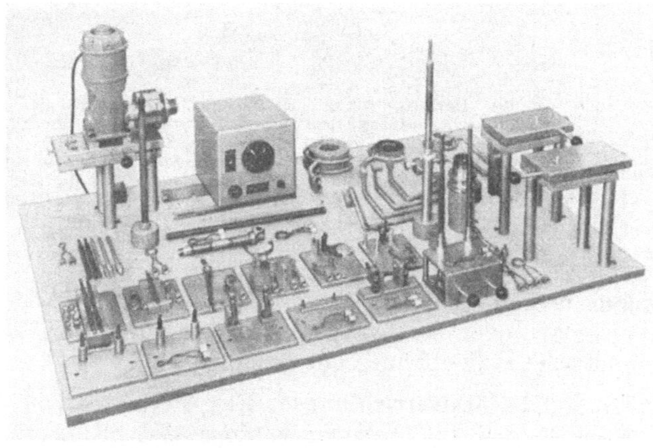

Abb. 102. Härtevorrichtungen, Werkstücke, Heizschleifen und Abschreckbrausen einer Universal-Härtemaschine nach Abb. 19.

stück senkrecht zu führen, weil dann das Anbringen der Abschreckbrausen weniger
Schwierigkeiten bereitet. Ob es dabei nötig wird, das Werkstück einseitig oder
zweiseitig, z. B. zwischen Spitzen, zu lagern, hängt immer vom Werkstück selbst

ab. Vorschubgeräte, die mechanisch oder elek-
tromechanisch selbstgesteuert werden, müssen
Einrichtungen besitzen, die eine Stand-An-
heizung und einen Schnellvorschub erlauben.
Zur Steuerung werden Schablonen oder Pro-
grammwähler verwendet.

Die Vorschubeinrichtungen werden entweder
hydraulisch oder mittels verstellbarer Elektro-
motoren angetrieben. Man verwendet hier vielfach Gleichstrommotoren, die mit Leonardsätzen
oder mit steuerbaren Gleichrichtern gespeist
werden. Es ergeben sich mit derartigen Schal-

Abb. 103. Einfache Aufnahmevorrichtung
zum Härten einer Kupplungsscheibe.
(Werkbild: Fritz DÜSSELDORF)

tungen große Drehzahlbereiche, wie sie zur Einstellung der verschiedenen Vorschubgeschwindigkeiten, vor allem bei Universalmaschinen, notwendig werden.

Für kleinere Massendrehteile kommen Vorschubeinrichtungen in Betracht, die
kleine Bolzen oder Wellen mit oder ohne Umlauf auf einem Band durch die Heiz-

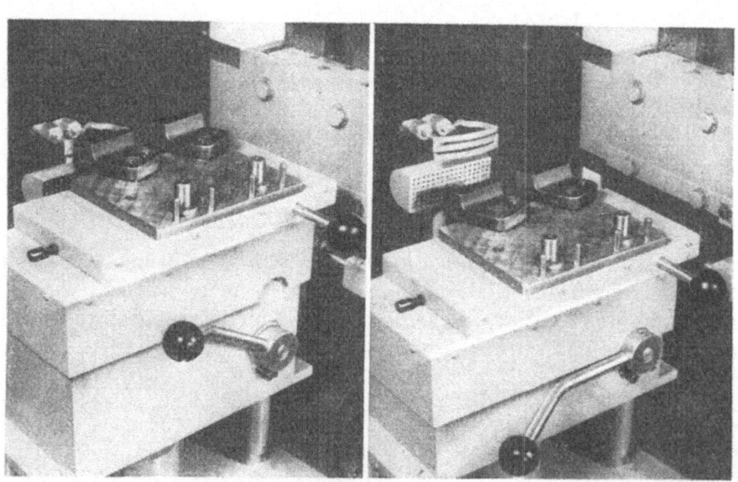

Abb. 104. Härtevorrichtung einer Universalhärtemaschine. Standhärtevorrichtung (Hubwechselschieber) wird auf einer Universal-Härtemaschine (Abb. 19), die auch ein Vorschub-
gerät zum Härten von Wellen enthält, aufgebaut. Das Werkstück, hier ein Anschlag aus
GG 26.91, wird auf einer auswechselbaren Aufnahmeplatte auf einem Wechselschieber auf-
genommen. In der oberen Stellung (Bild links) wird die Härtezone aufgeheizt, in der
unteren (Bild rechts) abgeschreckt. Der Wechselschieber ermöglichst es, daß die Aufnahme
während des Heizens und Abschreckens bereits neu beschickt werden kann.
(Werkbild: Fritz DÜSSELDORF).

schleife und die Abschreckbrause bewegen. In diesem Falle zieht man dann die
waagerechte oder fast waagerechte Bewegung vor. Zum Transport sind dauer-
magnetische Rollenbahnen gut geeignet.

48. Stand-Härtevorrichtungen. Zur Aufnahme von Werkstücken, die im Stand
gehärtet werden sollen, dienen vorzugsweise Schiebevorrichtungen, Wechselschieber oder Hubschieber, gegebenenfalls Hubwechselschieber. Das Werkstück wird
durch Verschieben oder Heben in die Aufheizstellung gebracht. Bei der Anwendung

Abb. 105. Härtung eines Mitnehmers im Umfangs-Vorschubverfahren. Universalhärtemaschine (Abb. 19), Stückleistung: etwa 100 Stck/Std., Energieverbrauch: 0,15 kWh/Stck., 20 kW 500 kHz, Härtetiefe: 0,8 mm.

Abb. 106. Schliffbild eines oberflächengehärteten Mitnehmers. (s. Abb. 105.)

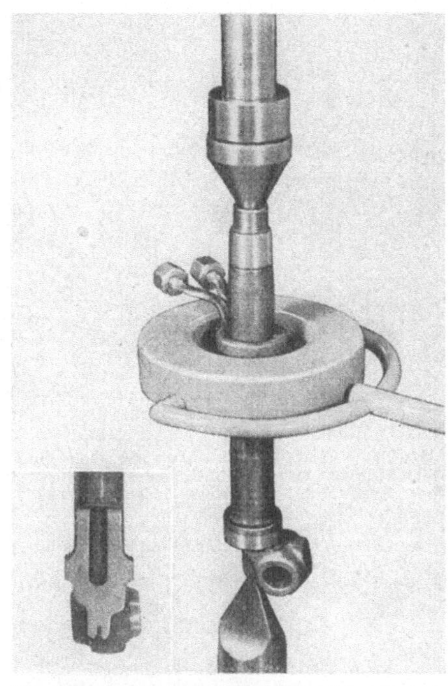

Abb. 107. Oberflächenhärtung eines Achsschenkelzapfens im Umlauf-Vorschubverfahren. 20 kW 500 kHz HF, auf Universal-Härtemaschine Abb. 19, Stückleistung: etwa 100 Stck/Std., Energieverbrauch, 0,2 kWh/Stck.

von Wechselschiebern kann man die Nebenzeiten wesentlich verkürzen, da man während des Aufheizens bereits das nächste Werkstück spannen kann.

Auch bei der Anwendung derart einfacher Spannvorrichtungen wird der Ablauf des eigentlichen Härtevorganges selbsttätig gesteuert. Alle einschlägigen Anlagen besitzen im Generator oder in der Härtemaschine einen Zeitautomat, der nach Auslösen durch einen Druckknopf oder einen Fußschalter das Programm selbsttätig ablaufen läßt. Die Aufheizzeit, die üblicherweise zwischen 1 und 10 Sekunden liegt, wird am Zeitautomat voreingestellt. Wenn die Härtetemperatur erreicht ist, schaltet der Zeitschalter mit Hilfe eines Magnetventiles das Abschreckwasser ein. Derartige Zeitautomaten arbeiten mechanisch mit Uhrwerken oder elektronisch mit Kondensatorentladungen und Röhren.

49. Spannmagnete. Günstige Stückzeiten kann man vor allem bei Kleinteilen erreichen, wenn man die Werkstücke magnetisch spannt. Der Spannvorgang wird

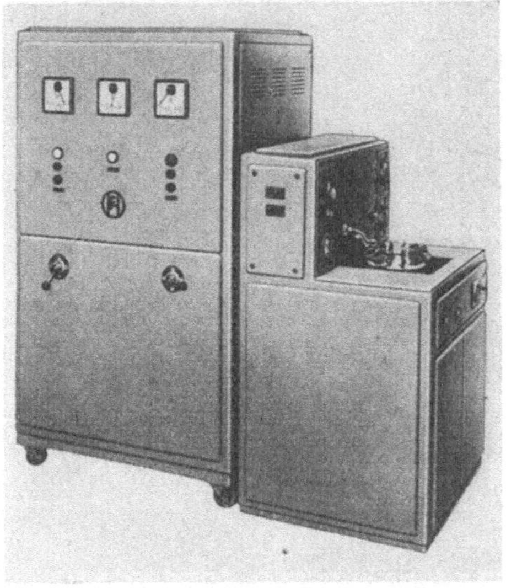

Abb. 108. HF-Härteanlage 10 kW, 1 MHz. HF-Röhrengenerator (Bauart Hüttinger) mit Schaltteller-Halbautomat für Kleinteile. (Werkbild: Fritz Düsseldorf.)

Abb. 109. Schaltteller-Halbautomat für Kleinteile. Diese Universalmaschine für Kleinteile der feinmechanischen Industrie besitzt auswechselbare Schaltteller mit 12 Werkstückaufnahmen, die selbsttätig heben, senken und weiterschalten. Die Heiz- und die Abschreckzeiten werden von elektronischen Zeitschaltern gesteuert. Der Teller kann zur Durchführung von Durchlaufhärtungen auch ununterbrochen bewegt werden.

dann auch vom Zeitautomaten gesteuert. Das Werkstück fällt nach beendetem Aufheizen in ein Abschreckbad. Dadurch, daß man bei dieser Art der Werkstückaufnahme die Abschreckzeit mittels Abschreckbrausen einsparen kann, erreicht man jetzt fast die doppelte Stückzahl in der Zeiteinheit, denn die Abschreckzeit liegt meist in der Größenordnung der Heizzeit. Die verwendeten Magnete sind meist einfachste Elektromagnete und in Sonderfällen Permanentmagnete.

VII. Erfahrungen.

A. Werkstückgestaltung.

Wie bei anderen Arbeitsgängen wird die Grundlage für den Erfolg auch beim Induktionshärten bereits bei der Entwicklung der Werkstücke gelegt. Der Konstrukteur hat mit der Formgebung

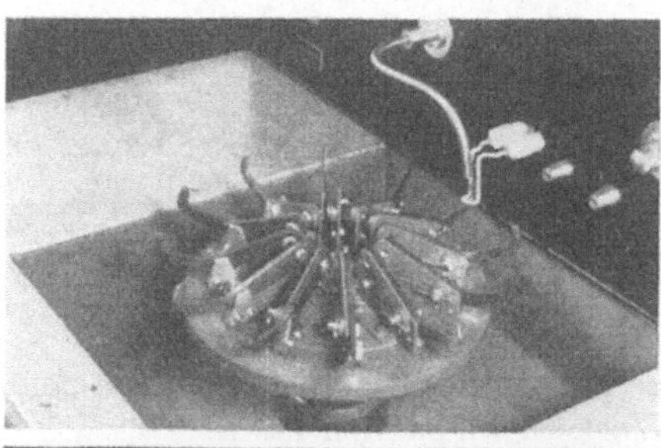

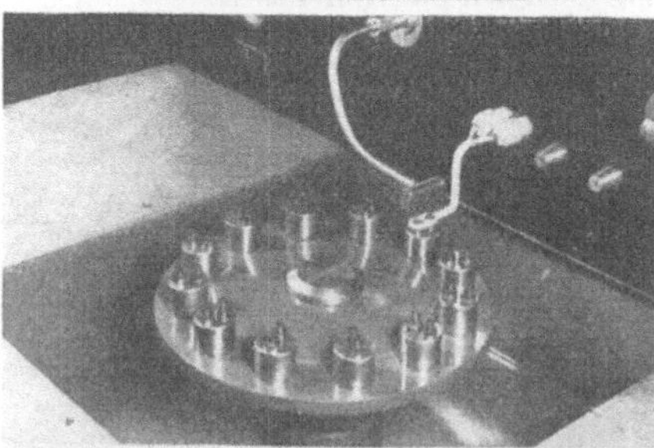

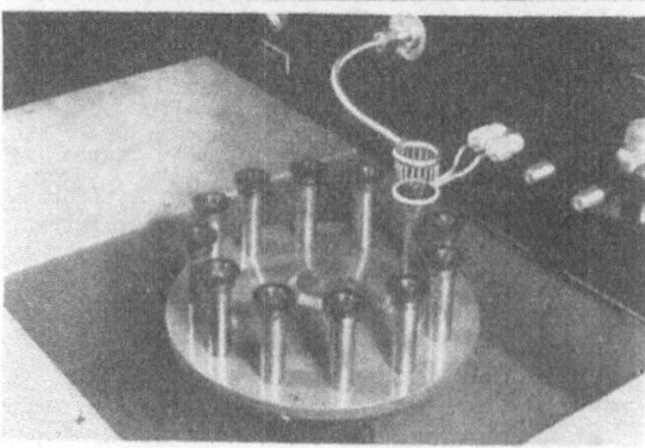

Abb. 110.   Schaltteller mit Werkstückaufnahmen, Heizschleifen und Abschreckbrausen.   Heiz- und Abschreckzeiten etwa 2—3 s, Stundenleistung etwa 600—800 Stück.

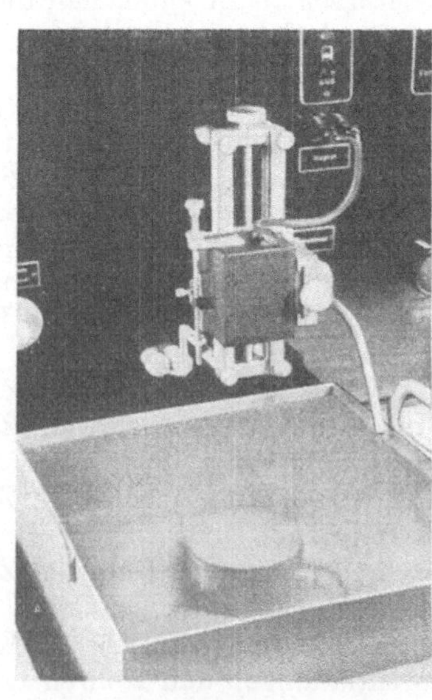

Abb. 111. Härtevorrichtung mit Haltemagnet und Abschreckbad. Auf Universalmaschine kann zusätzlich Haltemagnet mit Abschreckbad zur Härtung kleiner Wellen und Bolzen angebracht werden. Stückzahlen 800—1200 je Std.
(Werkbild: Fritz Düsseldorf.)

der Teile und bei der Festlegung der Forderungen und ihrer Kennzeichnung auf den Zeichnungen einen wesentlichen Anteil am erzielbaren Härteergebnis.

50. Formgebung. Schon bei der Gestaltung eines Werkstückes sollen die Anforderungen festgelegt werden, die hinsichtlich Kernfestigkeit, Dauerhaltbarkeit, Verschleißfestigkeit und anderer Beanspruchungen an Werkstückform und Werkstoff gestellt werden müssen. Auf Grund dieser Forderungen soll denn auch das bestgeeignete und wirtschaftlichste Härteverfahren ausgewählt werden. Wenn die Wahl dabei auf das Induktionshärteverfahren fällt, sollte man bereits in diesem Zeitpunkt überprüfen, ob die Forderungen, die dieses Verfahren bei wirtschaftlichem Einsatz an die Oberflächengestaltung stellen muß, soweit erfüllt sind, wie es eben die Grundsätze der Konstruktion erlauben. Ebenso soll der Werkstoff zweckentsprechend gewählt werden.

Zunächst spielen diese Fragen bei der Festlegung der Härtezonen mit. Im Gegensatz zum Einsatzhärten beschränkt man hier das Härten nur auf solche Oberflächen, die unbedingt verschleißfest sein müssen, oder auf solche Gebiete, deren Dauerhaltbarkeit erhöht werden soll. Dabei ist nun die Grundforderung zu beachten, daß Oberflächenhärtezonen bei dauerbeanspruchten Teilen niemals in Gefahrzonen, wie sie Kerben und Querschnittsübergänge darstellen, unterbrochen werden oder auslaufen dürfen, weil sonst zusätzliche, ungünstige Eigenspannungen entstehen. Die Härteschicht muß sich wie eine Haut um diese Gebiete legen. Gerade dann wirkt sich an solchen Stellen die Steigerung der Dauerhaltbarkeit infolge der erzielten Druckeigenspannungen aus, die den im Kern entstehenden Zugeigenspannungen das Gleichgewicht halten. Diese Forderung tritt vor allem beim Auslauf von gehärteten Lagerstellen an Wellen, bei Kurbelwellen und bei Zahnrädern in Erscheinung (Abb. 112). Bei Wellen darf die Härtezone nicht in der Kerbe auslaufen, bei Kurbelwellen soll die Zone vor der Hohlkehle enden oder die Hohlkehle mit einschließen. Bei der Einzelzahn- und

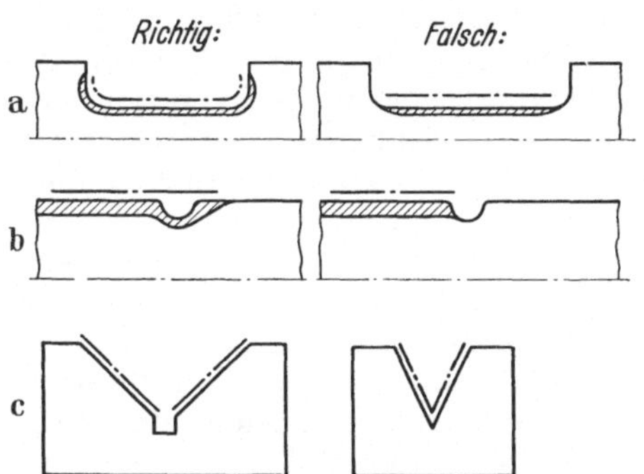

Abb. 112. Gestaltungsbeispiele. Bei *a* und *b* ergibt sich bei falscher Lage der Härtezone Dauerbruchgefahr. Eine Härtezone nach *c* läßt sich bei falscher Gestaltung nicht verwirklichen.

bei der Zahnlückenhärtung muß dafür gesorgt werden, daß die Härtezonen nicht im Zahngrund unterbrochen werden. Bei der Einzelzahnhärtung soll die Härteschicht auf der Flanke über dem Fußkreis auslaufen und bei der Zahnlückenhärtung liegt die Unterbrechung im nicht beanspruchten Zahnkopf. Ähnliche Verhältnisse liegen bei Bohrungen vor, die in der Härtezone oder dicht unter der Zone liegen. Solche Bohrungen bereiten in jedem Falle Schwierigkeiten, immer müssen sie aber, wenn sie nicht vermeidbar sind, stark abgegratet oder abgeschrägt werden. Ebenfalls abgeschrägt oder ausgerundet werden müssen Kanten von Nuten, die in der Härtezone liegen und mitgehärtet werden sollen. Spitzwinklige Nuten oder Keilbahnen können in der Spitze keine Härte erhalten.

Schließlich schafft es von vornherein dem Betrieb Erleichterungen, wenn die Möglichkeiten, die eine vorhandene Härteanlage hinsichtlich der zur Verfügung stehenden Leistung stellt, nicht überschritten werden. Diese Leistung bestimmt die Größe der möglichen Härtezone und die erreichbare Härtetiefe. Soll im Vorschub gehärtet werden, müssen die Härtezonen zweckentsprechend ausgebildet und nur in einer Richtung gekrümmt sein. Beim Zusammenstoß zweier Härtezonen, die einzeln gehärtet werden müssen, ist zu berücksichtigen, daß sich an der Stoßstelle eine Anlaßzone ergibt.

Auch die Werkstoffwahl soll im Hinblick auf das vorgesehene Härteverfahren getroffen werden. Während es bei der Anwendung der Standhärtung möglich ist, in einem Ölbad abzuschrecken, bereitet dies bei der Vorschubhärtung bereits Schwierigkeiten. Hier ist man auf Wasser oder Emulsion angewiesen.

Bei den Bearbeitungszugaben ist zu berücksichtigen, daß beim Walzen und Schmieden eine entkohlte Oberflächenschicht entsteht, die nicht gehärtet werden kann. Eine Randentkohlung geringerer Tiefe entsteht auch bei blankgezogenem Werkstoff. Die Schleifzugaben können gegenüber den bei der Einsatzhärtung gebräuchlichen verkleinert werden. Mit der Induktionshärtung erreicht man größere Härtetiefen bei geringerem Verzug. Die Schleifzugabe kann daher zwischen 0,1 und 0,3 mm liegen. In vielen Fällen wird man sogar auf das Nachschleifen verzichten können.

Dem Konstrukteur werden sich nach dem Einarbeiten in die Möglichkeiten und auch in die Grenzen des Verfahrens viele neue Möglichkeiten erschließen, die der Gütesteigerung und der Rationalisierung dienen.

51. Zeichnungsangaben. Der Betrieb muß über die durchzuführende Härteaufgabe klare und eindeutige Angaben erhalten, die sich auch in wesentlichen Punkten von dem bisher angewandten Verfahren unterscheiden.

Zunächst muß die Härtezone eindeutig gekennzeichnet sein. Gerade darin liegt ja ein Hauptvorteil des Induktionshärtens, daß nur dort gehärtet wird, wo es unbedingt notwendig ist. Normvorschriften für diese Kennzeichnung gibt es bisher nicht. Eine einfache und auch eindeutige Bezeichnung hat sich in der Praxis bewährt und ist auch hier übernommen worden: Die Härtezone wird mit einer starken strichpunktierten Linie gekennzeichnet, die den Vermerk „induktionsgehärtet" erhält. Es sollte sich einführen, daß bei allen Oberflächenhärteverfahren jeweils nur die so gekennzeichneten Gebiete gehärtet werden, so daß sich Zusätze: „alle übrigen Flächen können weich sein" erübrigen. Es gibt auch noch andere Kennzeichnungsvorschläge, die von einzelnen Betrieben eingeführt wurden, wie z. B. das Anbringen von Schraffuren und das Zeichnen besonderer Härtebilder.

Die Zeichnung muß weiter Angaben über die geforderte Oberflächenhärte enthalten. Die Härte wird zweckmäßig in ROCKWELL-C-Einheiten gemessen, kann aber auch in VICKERS-Einheiten angegeben werden. Das Wesentliche ist, daß die geforderte Härte dem C-Gehalt und der Härtbarkeit des vorgeschriebenen Stahles entspricht. Entsprechend dem Streubereich der Analysen ist auch hier eine Toleranz anzugeben. Eine eindeutige Kennzeichnung ist nur möglich, wenn die untere und obere Grenze genannt wird, z. B. HRc 58±2 oder 56 — 60 Rc. Auch die Härtetiefe ist mit den zulässigen Abweichungen anzugeben, z. B. Härtetiefe 0,6—0,8 mm.

Um vollständige Arbeitsunterlagen für den Betrieb zu schaffen, sind schließlich noch Angaben über das gewünschte Vergüten, Glühen, Anlassen und Entspannen nötig. Die Kennzeichen für diese Behandlungen sind entweder aus den bestehenden Normen den Werkstoffdaten anzufügen, oder bei nicht genormten Sonderbehandlungen besonders anzugeben, z. B.: „Nach dem Härten 2 Stunden bei 150° C entspannen".

B. Härtefehler.

Fehler, die gelegentlich beim Induktionshärten auftreten, sind entweder auf falsche Handhabung, häufiger aber auf Werkstoffmängel zurückzuführen.

Überhitzungen entstehen durch zu enge Kopplung zwischen Heizschleife und Werkstück, zu geringe Vorschubgeschwindigkeit oder zu lange Standaufheizzeiten.

Örtliche Überhitzungen und Anschmelzungen können auch durch die Werkstückform bedingt sein. Scharfe Kanten sollten immer so stark abgeschrägt werden, wie es die Konstruktion erlaubt. Scharfkantige Bohrungen oder Nuten müssen vor dem Härten mit Kupferbolzen oder Keilen ausgefüllt werden.

Zu große Härtetiefe ist ein Zeichen zu geringer Energiedichte. Durch engere Heizschleifenkopplung, größere Energiezufuhr und verkleinerte Aufheizzone kann man die spez. Leistung erhöhen. Größere Vorschubgeschwindigkeiten oder kürzere Heizzeiten und Verkürzen der Zeitspanne zwischen dem Aufheizen und dem Abschrecken verhindern ein Vergrößern der Härtetiefe durch Wärmeleitung. Zu geringen Härtetiefen begegnet man durch gegenteilige Maßnahmen.

Eine zu geringe Härte des ganzen Werkstückes oder Weichfleckigkeit sind durch zu geringe Härtetemperatur, meist aber durch unsachgemäßes Abschrecken verursacht. Entweder ist die Wassermenge nicht ausreichend, der Wasserdruck zu niedrig (Dampfhautbildung) oder der Abstand zwischen Heizschleife und Abschreckbrause zu eng oder zu weit. Abschreckfehler sind oft schon an der Farbe der gehärteten Oberfläche erkennbar. Das richtig gehärtete Werkstück wird meist grau und blank aussehen. Blau angelaufene Flächen oder Streifen auf der Oberfläche sind dann ein Merkmal falscher Abschreckung. Streifenbildung an der Oberfläche, die beim Härten im Umlauf-Vorschubverfahren auftreten kann, zeigt an, daß die Drehzahl im Verhältnis zum Vorschub zu gering ist, oder daß die Heizzone zu schmal ist.

Bei Abschreckbädern kann fehlende Flüssigkeitsbewegung und bei Öl Dickflüssigkeit bei niedrigen Temperaturen die Ursache der Weichfleckigkeit sein.

Die häufigsten Fehler entstehen durch das Verwenden von ungeeignetem Werkstoff. Werkstoffe mit zu geringem Kohlenstoffgehalt sind nicht härtbar. Materialverwechselung führt oft zu schlechten Härteergebnissen. Eine Härtbarkeitsprüfung oder aber wenigstens eine Prüfung des C-Gehaltes kann Fehler dieser Art von vornherein ausscheiden. Bei unbearbeiteten Werkstücken oder solchen mit zu geringer Bearbeitungszugabe kann der entkohlte Rand die Ursache von zu geringer Härteannahme sein. Auch Walz- und Ziehrisse werden in solchen Fällen erst beim Härten bemerkbar. Wenn z. B. bei Stahlguß oder bei gezogenen, geschmiedeten oder gewalzten Werkstoffen keine oder ungenügende Bearbeitung vorausgegangen ist, wird die Härtezone an der Oberfläche mit der Härtefeile bearbeitbar sein, während bei der Prüfung mit dem Rockwell-Diamanten sich eine ausreichende Härte in tieferen Schichten ergibt.

Stähle mit höheren C-Gehalten, vor allem wenn stark legiert, sind bei Wasserabschreckung rißempfindlich. Sofortiges Entspannen nach dem Härten, manchmal auch zusätzlich vor dem Härten, wobei schon Temperaturen von 100° C, in allen Fällen aber 1 bis 2 stündige Behandlung bei etwa 150° C genügen, bringt hier eine Verbesserung. In anderen Fällen wird man die Wassertemperatur erhöhen, mit Emulsion oder mit Öl abschrecken müssen und vor allem auch der Temperaturführung besondere Beachtung zukommen lassen.

Wenn an langen Wellen mit kleinem Durchmesser Verzug auftritt, so liegt die Ursache, besonders wenn es sich um Härtung mit Hochfrequenz bei kleinsten Härtetiefen handelt, meist im Werkstück selbst. Die Spannungen, die nach dem Bearbeiten oder nach dem Richten bei Vorvergütung im Werkstück verblieben sind, werden beim Härten frei. Spannungsfreiglühen vor dem Härten kann hier Abhilfe bringen.

C. Härtekosten.

Die Härtekosten setzen sich aus den anteiligen Anlagekosten, den Energiekosten und den Lohnkosten zusammen.

52. Die Anlagekosten einer Induktionshärteanlage bestehen aus den Anschaffungskosten des Generators und der Härtemaschine. Der Generatorpreis überwiegt in den meisten Fällen.

Als Richtpreis für Mittelfrequenzumformer einschließlich des benötigten Schaltschrankes kann für 25 bis 200 kW-Anlagen etwa 800 bis 500 DM je kW Ausgangsleistung (mit steigender Nennleistung fallend) angenommen werden. Für HF-Röhrengeneratoren muß man mit höheren Kosten rechnen. Bei Ausgangsleistungen von 3 bis 60 kW betragen die Preise etwa 3000 bis 1200 DM je kW Ausgangsleistung (mit steigender Nennleistung fallend). Es ergibt sich also für einen HF-Röhrengenerator mit einer Ausgangsleistung von 50 kW ein Anschaffungspreis, der etwa 70% über dem eines Maschinenumformers gleicher Leistung liegt. Die Preise sind natürlich Schwankungen unterworfen und sollen hier nur als Anhaltspunkte dienen. Bei Maschinenumformern muß man noch bauliche Maßnahmen, die zur Unterbringung der Maschine nötig werden können, und vielleicht Kosten für einen Lagerwechsel nach rd. 10 000 Betriebs-Stunden berücksichtigen.

Im Röhrengenerator sind die Sende- und -Gleichrichterröhren der Abnutzung unterworfen. Im allgemeinen wird eine Gewähr für einjährige Betriebszeit oder für 2000 Brennstunden vom Hersteller übernommen. Diese Fristen müssen der Kostenvorausberechnung zugrunde gelegt werden, wenn auch in den meisten Fällen eine beträchtlich längere Lebensdauer zu erwarten ist. Der Preis für einen Satz Röhren beträgt etwa 15% der Generatorkosten. Die anderen Bauteile des Generators haben keinen Verschleiß.

Die Kosten für die Härtemaschinen können auch nicht annähernd angedeutet werden. Sie schwanken je nach dem Verwendungszweck zwischen dem Preis für eine einfache Anbauvorrichtung am HF-Generator oder am Schaltschrank und den Kosten für einen Einzweck-Vollautomat. Im allgemeinen wird aber der Preis des Generators nicht erreicht.

Man kann für eine Härteanlage eine Abschreibungsdauer von 5 bis 10 Jahren annehmen. In den meisten Fällen ist die Anlage aber in wesentlich kürzeren Zeiten, vielfach schon nach halbjährigem Betrieb, getilgt.

53. Energiekosten. Bei der Berechnung der Energiekosten muß man die veränderlichen Betriebsverhältnisse der Härteanlage berücksichtigen. Zunächst ist der Gesamtwirkungsgrad der Energiequelle, der überschläglich mit 50 bis 60% angesetzt werden kann, zu beachten. Wenn also an den Ausgangsklemmen eines Generators (oder seines Anpassungsübertragers) 20 kW entnommen werden, so sind zu deren Erzeugung etwa 33 bis 40 kVA Netzleistung erforderlich. Die Nennleistungsangaben beziehen sich in Deutschland immer auf die Ausgangsleistung am Generator oder am Glühübertrager, manchmal auch auf die Leistung im Werkstück. Weiter ist der Wirkungsgrad zwischen Heizschleife und Werkstück in die Rechnung einzusetzen. Er ist von der Heizschleifenform und damit von der Härteaufgabe abhängig. Während man bei einer Wellenhärtung im Innenfeld einer ringförmigen Heizschleife mit einem Wirkungsgrad von 90% rechnen kann, sinkt er in Sonderfällen bei ungünstigen Heizschleifen bis auf 15% ab. Darüber hinaus ist es noch wesentlich, ob man den Generator in einem Arbeitstakt, bei dem sich Heizzeiten und Pausen ablösen, betreibt oder ob man etwa im Durchlaufverfahren dauernd ein Werkstück aufheizen kann. Hier geht das Verhältnis Heizzeit zu Pause in die Rechnung ein. Die Pausenzeit setzt sich bei Standhärtungen aus der Nebenzeit (Spannen und Ausspannen des Werkstückes) und der Abschreckzeit zusammen. Bei der Vorschubhärtung kommen die Zeiten für den Rücklauf des Werkstückes oder des Härtekopfes und die Spannzeiten in Ansatz. Dieses Verhältnis ist natürlich vom Härteverfahren und der verwendeten Härtemaschine abhängig.

Schließlich spielt noch der Ausnützungsgrad der Härteanlage eine Rolle. Es ist nicht immer möglich und auch manchmal nicht erwünscht, den Generator in Vollast zu betreiben. Dafür sind die mit der Temperatur veränderlichen Werkstoffdaten und auch die Formgebung der Härtezone maßgebend. Für eine *überschlägliche Berechnung der Energiekosten* seien folgende Bezeichnungen gewählt:

A_N = Energieaufnahme aus dem Netz (kWh/Werkstück)
N_W = Leistung im Werkstück (kW)
N_G = Nennleistung des Generators (kW)
N_A = Ausgangsleistung des Generators (kW)
N_N = Leistungsaufnahme aus dem Netz $= \dfrac{N_A}{\eta_G}$ (kVA)

N_L = Aufnahme aus dem Netz bei Leerlauf.
η_H = Wirkungsgrad der Heizschleife
η_G = Wirkungsgrad des Generators

a = Ausnutzungsgrad des Generators $= \dfrac{N_A}{N_G}$

t_{Hz} = Heizzeit je Werkstück (s/Stück)
t_n = Nebenzeit, Pausenzeit (s/Stück)

n_0 = Leerlauffaktor (kann für HF und für MF mit 0,15—0,2 eingesetzt werden) $= \dfrac{N_L}{N_G}$

G = Gewicht[1] der aufgeheizten Zone (kg)
c = spez. Wärme (kcal/kg°C)
$\varDelta T$ = Temperaturerhöhung (°C)

Es ist:
$$A_N = \frac{1}{3600}\left(\frac{N_W\, t_{Hz}}{\eta_H\, \eta_G} + N_G\, n_0\, t_n\right) \text{(kWh/Werkstück)} . \tag{9}$$

Die Leistung im Werkstück N_W kann man aus der kalorimetrisch oder rechnerisch ermittelten Wärmeenergie-Aufnahme des Werkstückes bestimmen:

$$Q = \frac{G\, c\, \varDelta T}{860} \text{ (kWh)} = \frac{3600}{860}\, G\, c\, \varDelta T = 4{,}18\, G\, c\, \varDelta T \text{ (kWs), also}$$

$$N_W = \frac{Q}{t_{Hz}} = \frac{4{,}18\, G\, c\, \varDelta T}{t_{Hz}} \text{ (kW)} . \tag{10}$$

Beim Oberflächenhärten von Stahl kann man mit einer mittleren spez. Wärme $c = 0{,}19$ und mit $\varDelta T = 850—20 = 830°$ C rechnen und erhält dann den spezifischen Energieverbrauch $q = 0{,}7$ kWs/g.

In den meisten Fällen wird die abgegebene Generator-Leistung N_A von einem Meßgerät mittelbar oder unmittelbar angezeigt. In diesen Fällen wird man aus dieser Leistung die benötigte Netzenergie berechnen. Man macht dabei keinen zu großen Fehler, wenn man den Generatorwirkungsgrad einheitlich — ohne die Korrektur durch den Ausnutzungsgrad a — mit 50% einsetzt. Der Faktor a muß für Vorausberechnungen ohnehin meist geschätzt werden. Für eine solche Berechnung der Energiekosten wird es in den meisten Fällen genügen, wenn man für N_A in der folgenden Gleichung die Nennleistung der benutzten Generatorleistungsstufe einsetzt.

$$A_N = \frac{1}{3600}\left(\frac{N_A\, t_{Hz}}{0{,}5} + N_G\, n_0\, t_n\right) \text{(kWh/Werkstück)} . \tag{11}$$

Beispiel: Standerhitzung eines Wellenstumpfes von 20 mm Ø und 40 mm Länge bei einer Härtetiefe von 1,5 mm und einer Temperatur von 850°.

$N_W = 13$ kW	$t_{Hz} = 5$ s	$\eta_H = 0{,}8$
$N_A = 16$ kW	$t_n = 10$ s	$\eta_G = 0{,}5$
$N_G = 20$ kW	$N_N = 32$ kVA	$n_0 = 0{,}2$.

Ergebnis nach Gl. (9): $A_N = 0{,}056$ kWh/Stück.

---

[1] Beim Oberflächenhärten muß man hier die *tatsächlich erwärmte Gewichtsmenge* einsetzen. Für die über die eigentliche Härtetiefe hinaus durch Wärmeleitung erwärmte Zone macht man zur *Härtetiefe* einen *Zuschlag* von 100 bis 200%, der vom Aufheizvorgang abhängig ist.

54. Lohnkosten. Die Arbeitszeit zur Errechnung der Lohnkosten setzt sich zusammen aus der eigentlichen Heizzeit t_{Hz}, der Abschreckzeit t_A und der Nebenzeit t_n zum Spannen des Werkstückes. Dazu kommen noch Rüstzeit t_r zum Einrichten der Maschine und die Verlustzeit t_v zur Berücksichtigung von Störungen. Für x Werkstücke ergibt sich folgende Gesamtzeit:

$$t_x = t_r + x\,(t_{Hz} + t_A + t_n + t_v). \qquad (12)$$

Bei der Vorschubhärtung errechnet sich die Heizzeit t_{Hz} aus der Vorschubgeschwindigkeit. Sie wird hier erhöht durch die Standanheizzeit, die je nach der Werkstückgröße etwa 1 bis 3 s betragen kann. (Abb. 113.)

Eine besondere Abkühlzeit entfällt hier; es ist nur eine kurze Nachkühlzeit am Ende der Härtezone einzusetzen, die auch von den Werkstückabmessungen abhängig ist (etwa 5 bis 15 s).

Bei der Standhärtung kann man die Abschreckzeit überschläglich gleich der Heizzeit setzen. Bei größeren Werkstücken und Härtetiefen kann sich $t_A = 2\,t_{Hz}$ ergeben.

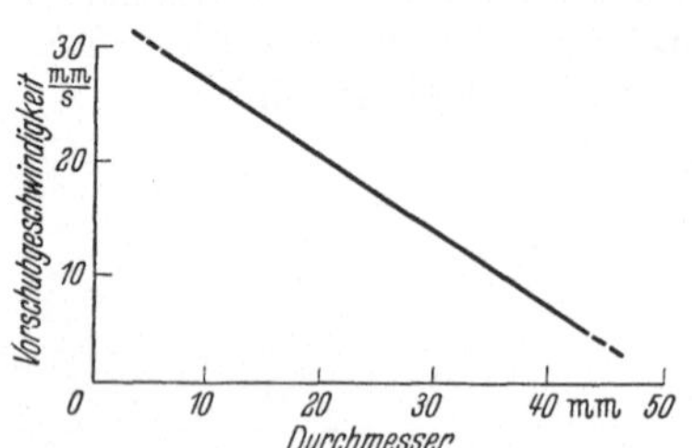
Abb. 113. Richtwerte für die Vorschubgeschwindigkeit bei Generatorleistung von 20 kW (500 kHz) und Härtetiefe von 0,6—1 mm.

Rüstzeit, Nebenzeit und Verlustzeit sind von der verwendeten Härtemaschine und von der Werkstückform abhängig.

D. Wirtschaftlichkeitsvergleich.

55. Vergleich zum Einsatzhärten. Bei einer kritischen Betrachtung des Induktions-Härteverfahrens muß man eine Abgrenzung vor allem gegen das Einsatzhärten und gegen das Brennhärten versuchen. Gegenüber dem Einsatzhärten kommt vor allem der Zeitgewinn und die einfache Möglichkeit des Härtens von Oberflächenabschnitten zur Geltung. Beide Vorteile wirken sich voll auf die Kosten aus. Dazu kommt noch die Anwendung preisgünstiger Stähle. Während man beim Einsetzen zum Erzielen großer Kernfestigkeiten mit unlegierten Stählen nicht auskommt, entstehen beim Induktionshärten mit den hier üblichen Stählen andere Schwierigkeiten. Man erkennt schon aus dieser kurzen Gegenüberstellung, daß es einen allgemeinen Vergleich der Vor- und Nachteile nicht geben kann. Es kommt nur auf eine Abgrenzung der Verfahren gegeneinander an.

Es ist einleuchtend, daß man ein Werkstück, z. B. eine Welle mit einem Gesamtgewicht von rd. 10 kg, bei der nur die Oberflächenhärtung einer Lagerstelle verlangt wird, deren Anteil an der Gesamtoberfläche etwa 5% beträgt, weitaus günstiger induktiv härtet. Dabei wird der Gewichtsanteil der erhitzten Zone noch wesentlich geringer sein. Die Überlegenheit des Induktionshärtens wird noch stärker in Erscheinung treten, wenn große Serien solcher Werkstücke gehärtet werden sollen und wenn die Anforderungen an das Werkstück bei Verwendung eines Vergütungsstahles ohne jegliche Vor- oder Nachbehandlung erfüllt werden können. In diesem Fall kann man als Härtemaschine einen Einzweckautomat unmittelbar in der Fertigungsstraße verwenden und jegliche Förderwege vermeiden. Die Wirtschaftlichkeit steht dann überhaupt nicht in Frage. Man kann die Energiekosten und die Lohnkosten auf weniger als den zehnten Teil ermäßigen. Eine derartige Anlage wird sich in wenigen Monaten bezahlt machen.

Solche Fälle gibt es weit mehr, als man auf den ersten Blick annehmen sollte. Es braucht sich dabei keineswegs nur um Wellen zu handeln. Es kommt vor allem darauf an, daß nur ein kleiner Teil der Gesamtoberfläche gehärtet werden soll, und daß gewisse Stückzahlen gleicher Werkstücke vorhanden sind. Nur bei wenigen Werkstücken wird der Konstrukteur das Härten der gesamten Oberfläche fordern müssen. Diese Aufgaben fallen dann, vor allem wenn es sich um Werkstücke mit unregelmäßigen Formen handelt, der Einsatzhärtung zu. Bei Wellen oder Leisten wird man auch beim Härten der Gesamtoberfläche günstiger induktiv härten, zumal dann die Aufgabe, den Verzug klein zu halten, hinzukommt.

Wenn durch die Oberflächenform und durch den Anteil der Härtezone an der Gesamtoberfläche eine Abgrenzung möglich erscheint, so wird sie durch Werkstoffprobleme oft wieder in Frage gestellt. In manchen Fällen wird es nötig sein, das gesamte Werkstück zur Verbesserung der Kerneigenschaften oder auch der Härtbarkeit zu vergüten, in anderen Fällen ist ein Glühen auf gute Bearbeitbarkeit nötig und teilweise auch ein Spannungsfreiglühen. Es ist auch möglich, und wird vor allem bei kleinen Massenteilen oft angewendet, daß man aufgekohlte Werkstücke stellenweise induktiv härtet, um die Schwierigkeiten bei der Werkstoffwahl zu umgehen. Durch solche Behandlungen werden natürlich die Vorteile des Induktionshärtens teilweise hinfällig. Die Einsparung an Energiekosten, die sonst so deutlich bemerkbar ist, weil man nicht mehr das gesamte Werkstück erhitzen muß, wird jetzt weniger wirksam und auch der Vorteil durch die Einsparung der Förderkosten ist nicht mehr so eindeutig.

In der Mehrzahl der Fälle wird sich trotz dieser Einschränkungen durch notwendige Vorbehandlungen ein eindeutiger Vorteil zugunsten des Induktionshärtens ergeben. Es bleibt immer die freizügige Wahl der Härtezonen, die beträchtliche Verkürzung der Zeiten, die einfache Handhabung, der geringe Verzug und die zunderfreie Oberfläche; alles Vorteile, die schwer in Zahlen auszudrücken sind.

Das Fehlen von ausgesprochen großen Reihen gleicher Werkstücke kommt nicht in dem Maße zur Geltung, wie dies vielfach noch angenommen wird. Universal-Härtemaschinen und umschaltbare Generatoren ermöglichen auch dann ein wirtschaftliches Arbeiten, wenn nur kleine Reihen gleicher Werkstücke zu bearbeiten sind. Wenn die Anlage in einer Arbeitsschicht voll belegt ist, wird sie sich immer in kurzer Zeit bezahlt machen. Durch das erforderliche Umrichten und dadurch, daß die verwendeten Vorrichtungen einfacher gestaltet sind, als bei den voll- oder halbselbsttätigen Einzweckmaschinen sinkt natürlich der Ausnutzungsgrad einer derartigen Anlage. Die Kostenerhöhung beträgt aber erfahrungsgemäß nur etwa 20 bis 30% je nach der Auslegung der Anlage. Die Möglichkeit der Einordnung einer derartigen Anlage in die Fertigungsstraße ist natürlich erschwert, man wird die Universalanlage auch zentral aufstellen müssen.

Es gibt aber auch viele Werkstücke, die mit anderen Verfahren überhaupt nicht gehärtet werden können, z. B. sperrige Teile, Gußteile (Drehbankbetten), und solche Werkstücke, deren Härtung früher aus Preisgründen unterbleiben mußte.

56. Vergleich zum Brennhärten. Mit dem Brennhärten [12] hat das Induktionshärten vieles gemeinsam. Beide Verfahren erzeugen einen Wärmestau an der Oberfläche und verwenden bis auf kleine Unterschiede die gleichen Werkstoffe. Beim Induktionshärten kann man wegen der großen Energiedichte praktisch jede gewünschte Härtetiefe — auch dünnste Schichten von z. B. 0,2 mm — erzielen. Diese große Energiedichte ermöglicht auch im Durchschnitt bedeutend kürzere Aufheizzeiten und größere Vorschubgeschwindigkeiten. Darüber hinaus wird der Aufheizvorgang mit Hilfe einfacher Regelmöglichkeiten besser beherrscht und eine größere Gleichmäßigkeit ist bei einfachster Bedienung und größter Sauberkeit gewährleistet. Kleine Werkstücke, z. B. Wellen unter 15 mm $\varnothing$, wird man immer nur induktiv härten, ebenso alle anderen Teile der feinmechanischen Fertigung und des Apparatebaues.

Der Vorteil des Brennhärtens besteht in den geringeren Anlagekosten. Es entfallen bei etwas höherem Härtemaschinenaufwand die Kosten für die Energiequelle, weil die benötigten Brenngase fertig bezogen werden. Die Energie- und die Lohnkosten liegen etwas höher als beim Induktionshärten. Wenn man z. B. als Vergleichsbeispiel die Vorschubhärtung eines Bolzens von 30 mm $\varnothing$ bei einer Härtelänge von 150 mm wählt, ergibt sich bei gleichen Bearbeitungszeiten (Vorschubgeschwindigkeit $v = 4,5$ mm/s), die mit einem HF-Generator von 15 kW Ausgangsleistung erreicht werden, folgender Energiekostenvergleich:

Beim Brennhärten benötigt man 0,1 m³ Leuchtgas und 0,06 m³ Sauerstoff. Das ergibt, wenn man mit 0,10 DM/m³ Leuchtgas und mit 1,00 DM/m³ Sauerstoff rechnet, etwa 0,07 DM je Werkstück. Beim Induktionshärten des gleichen Werkstückes benötigt man etwa 0,3 kWh je Werkstück, die bei einem Preis von 0,10 DM/kWh Energiekosten von 0,03 DM je Werkstück ergeben.

57. Zusammenfassung. Eine eindeutige Abgrenzung gegen die anderen Verfahren kann nur von Fall zu Fall getroffen werden. Neben den Fragen der Festigkeit und der Werkstoffwahl haben das Arbeitsprogramm, die Förderwege, Fragen der Vorbehandlung der Werkstücke, Gütesteigerung, Stückzahlen und Bedienung der Maschinen einen Einfluß auf die Berechnung der Wirtschaftlichkeit einer Härteanlage. Dazu wird es in vielen Fällen möglich, einzelne Arbeitsgänge ganz wegfallen zu lassen, z. B. das Einsatzabdrehen bei Teilhärtung, das Richten oder das Fertigschleifen.

Aus all diesen Tatsachen ergibt sich die Notwendigkeit, in jedem Falle nach einem vollständigen Fertigungsplan die einzelnen Verfahren gegeneinander abzuwägen. Neben den Faktoren, die durch Zahlen erfaßbar sind, spielen dann erfahrungsgemäß die vorhandenen Einrichtungen und Möglichkeiten, die vorhandenen Fachkräfte, der Aufbau der Fertigung und die Erweiterungsmöglichkeiten eine Rolle. Man sollte es in keinem Falle versäumen, sich eine derartige Planung von den Herstellern der entsprechenden Anlagen ausarbeiten zu lassen, um dann eine den Eigenarten des Betriebes am besten gerecht werdende Anlage zu wählen.

E. Entwicklungsstand.

Die Entwicklung von Anlagen und Maschinen zum Induktionshärten ist noch stark im Fluß. Wenn auch gewisse Unterschiede zu den Entwicklungen z. B. in den

USA vorhanden sind, so ergeben sich doch auch in einigen Punkten Übereinstimmungen. Zunächst überwiegt die Anwendung in den Vereinigten Staaten die Deutsche beträchtlich, man rechnet dort mit 6000 im Betrieb befindlichen Industriegeneratoren mit 450 000 kW Anschluß-Leistung. In Deutschland sind etwa 20 000 kW Anschluß-Leistung im Betrieb. Ein wesentlicher Teil dieser Generatoren entfällt in beiden Fällen auf die Erhitzung von Schmiedestücken.

58. Härtemaschinen. Die Entwicklung geht in zwei Richtungen. **a)** Das eine Ziel ist die *vollselbsttätig arbeitende Einzweckmaschine.* Bei dieser Lösung wird die wertvolle HF- oder MF-Energie am besten ausgenutzt. Für die Anwendung solcher Maschinen sind in Deutschland und in Europa, wie schon im Abschn. VI A (S. 51) dargelegt wurde, die Fertigungsreihen oft zu klein. Doch haben sich auch hier, vor allem in der Fahrzeugfertigung, Härteautomaten schon bewährt.

Welche Möglichkeiten sich hier bieten, soll an einem Beispiel angedeutet werden. Ein Nadellager, dessen Innenbohrung von 20 mm ⌀ gehärtet werden soll, wird auf einem Automaten von der Stange gefertigt. In dem gleichen Automaten ist die Härtemaschine oder der Härtekopf eingebaut, der die Bohrung in rd. 2 s induktiv härtet. Die Gesamtzeit für das ganze Werkstück beträgt 15 s. Ein Arbeiter kann dabei mehrere Maschinen bedienen (HF-Generator 20 kW—450 kHz).

Dieses Beispiel läßt vor allem erkennen, welches Maß an Genauigkeit, Gleichmäßigkeit und vor allem Betriebssicherheit solche Anlagen heute bereits haben. Es muß immer das Hauptziel jeglicher Entwicklung auf diesem Gebiet sein, diese Grundforderungen zu erfüllen.

Das zugleich erstrebte Ziel heißt Steigerung der Wirtschaftlichkeit, also Verminderung der Kosten, und zwar sowohl der Anschaffungs- als auch der Betriebskosten. Die Arbeit auf diesem Gebiet ist gerade in Deutschland erfolgversprechend, es sind aber auch in den USA ganz ähnliche Entwicklungen verwirklicht worden.

b) Die andere Entwicklungsrichtung führt zur Universal-Härtemaschine. Man will mit einer einzigen Maschine und einem Generator viele verschiedene Teile härten, die nur in mittleren oder kleinen Reihen anfallen. Dadurch, daß ein solcher Generator dann in einer oder in mehreren Arbeitsschichten voll ausgenutzt wird, ist seine schnelle Tilgung gewährleistet. Die Entwicklungsaufgabe heißt hier: einfache, auswechselbare Vorrichtungen, die mit geringen Umrichtezeiten alle Vorteile des Verfahrens nutzbar machen.

59. Umschaltbare Generatoren. Eine andere Lösung dieser Aufgabe besteht darin, den HF-Generator — der ja den Hauptteil der Anschaffungskosten ausmacht — wahlweise auf verschiedene Härtemaschinen, auch Einzweckmaschinen, umzuschalten. Man spart dadurch die Umrichtekosten und hat noch den Vorteil von selbsttätig arbeitenden Maschinen. Man kann die Umschaltung so weit treiben, daß man für ein Werkstück mehrere Härtemaschinen oder Härtestationen benutzt, um z. B. mehrere Zonen zu härten. Es ist auch möglich, auf mehreren Maschinen die gleiche Härteaufgabe durchzuführen. Während das eine Werkstück gehärtet wird, wird auf der anderen Maschine ein Werkstück gespannt. Man kann auf diese Art den umschaltbaren Generator auch während der Nebenzeiten ausnutzen. Eine andere gebräuchliche Lösung ist die, daß man mehrere Stunden eine Einzweck-

Abb. 114. Hochfrequenzschalter zum Umschalten der HF-Energie an der Primärseite des Glühübertragers eines Röhrengenerators 4 kW, 2,5 MHz.
(Werkbild: Brown-Boveri.)

maschine an dem gleichen Generator betreibt, an den man danach eine zweite und vielleicht noch dritte Maschine anschließt (Abb. 88 u. 96).

Die Art der Umschaltung wird von der Fertigungsplanung bestimmt. Es wurden zur Erfüllung dieser Wünsche mehrere HF-Schalter verschiedener Bauart entwickelt. Man kann z. B. bei HF-Generatoren auf der Hochspannungsseite umschalten (Abb. 114), oder auf der Sekundärseite des Glühübertragers (Abb. 115). Für die meisten Aufgaben wird man an der Primärseite des Anpassungsübertragers umschalten müssen. Trotzdem bleibt die Forderung nach kurzen Verbindungswegen allen Verfahren gemeinsam. Man muß, hauptsächlich bei HF-Generatoren, mit der Arbeitsstation so nahe wie möglich beim Generator bleiben, um Verluste zu vermeiden. Bei Maschinenumformern ist es möglich, einige Meter eines verlustarmen Kabels einzuschalten.

Während bei MF-Anlagen derartige Schalter schon länger verwendet werden, sind sie bei HF-Generatoren erst in letzter Zeit eingeführt worden. Es gibt auch bereits Möglichkeiten, zwei kleinere HF-Generatoren, die sonst getrennt arbeiten, zur Verdopplung der Ausgangsleistung zusammenzuschalten. Man erreicht das dadurch, daß man die Generatoren auf getrennte außenliegende Schwingkreise arbeiten läßt, die mit dem Anpassungstransformator verbunden sind. Bei Mittelfrequenz-Umformern ist ein Parallelbetrieb bei

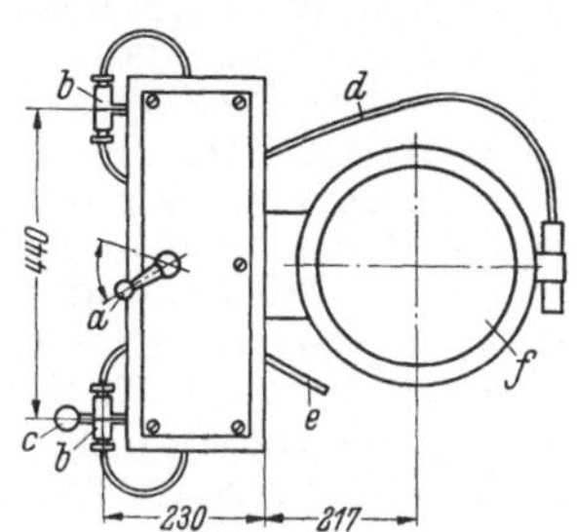

Abb. 115. Hochfrequenzschalter zum Umschalten der HF-Energie an der Sekundärseite eines Glühübertragers (4 kW, 2,5 MHz), *a* Umschalthebel, *b* Heizschleifenanschluß, *c* Heizschleife, *d* Kühlwasserzuleitung für Umschalter und beide Heizschleifen *e* Kühlwasseraustritt, *f* normaler Glühübertrager. (Werkbild: BROWN-BOVERI.)

niederen Frequenzen ohne weiteres und bei höheren Frequenzen mit Hilfe besonderer Maßnahmen möglich.

Diese Umschaltmöglichkeiten stellen gemeinsam mit der Universalmaschine einen wesentlichen Schritt zur Verbilligung der HF- und MF-Energie dar. Es ist anzunehmen, daß durch solche und ähnliche Möglichkeiten der Wirtschaftlichkeitssteigerung dem Induktionshärten noch viele neue Aufgaben erschlossen werden können.

F. Patente und Schrifttum.

Trotz der verhältnismäßig kurzen Entwicklungszeit bestehen für das Gesamtgebiet Induktionshärten bereits eine große Zahl von Schutzrechten, die im Rahmen der Weiterentwicklung noch laufend ergänzt werden. Es gibt zahlreiche Patente zum Schutze besonderer Härteverfahren (für Zahnräder, Kurbelwellen, Nockenwellen usw.) aber auch eine große Zahl von Patenten, die einzelne Heizschleifen, Abschreckbrausen, Glühübertrager, Vorrichtungen und andere Einzelelemente schützen. Die weitaus meisten dieser Schutzrechte sind in den Klassen 18c und 21h des Patentamtes zusammengefaßt.

Die Teilgebiete der induktiven Erwärmung und auch das Induktionshärten wurden durch Aufsätze in den Fachzeitschriften der letzten Jahre oft behandelt. Aus der großen Zahl werden einige angeführt, welche einzelne Gebiete ausführlicher behandeln, als das hier möglich ist.

Schrifttum.

[1] SCHEER, L.: Was ist Stahl? 9. Aufl. Berlin/Göttingen/Heidelberg: Springer 1953.

[2] GÖBEL-MARFELS: Die Oberflächenhärtung und ihre Berücksichtigung bei der Gestaltung. Berlin/Göttingen/Heidelberg: Springer 1953.

[3] KRETZMANN, R.: Handbuch der Industriellen Elektronik (Röhrengeneratoren). Verlag für Radio-Foto-Kinotechnik 1954.

[4] BRUNST, W.: Induktives Erwärmen. Berlin/Göttingen/Heidelberg: Springer (In Vorbereitung); und BROWN-BOVERI: Mitteilungen, 38. Jahrg. 1951, Nr. 11, S. 313/72 (Sonderheft: HF-Erwärmung).

[5] KEGEL, K.: Die Oberflächenbehandlung von Stahl mittels induktiver Hochfrequenzerwärmung. Elektrotechnik Bd. 2 (1948) Nr. 10, S. 285/91.
Die Praxis der induktiven Wärmebehandlung. Werkstatt und Betrieb 85 (1952) H. 5, S. 183—188. (Beiträge zur Theorie des Aufheizvorganges).

[6] JABBUSCH, G.: Härten der Gleitflächen von Drehbankbetten mittels Hochfrequenz. Elektropost 5 (1952) H. 25, S. 457, 458.

[7] KUHLBARS/SCHMID/SEULEN: Neuartiges Verfahren zum Oberflächenhärten von Kurbelwellen. Masch. u. Werkzeug 1953 H. 5 u. H. 7.

[8] SEULEN, G. W. u. ALF: Induktionshärten von Werkzeugmaschinenführungen. Schweißen und Schneiden 4 (1952) H. 9, S. 332—334.

[9] SCHÖNBACHER, K.: Kompensation von Induktionserwärmungsanlagen mit Maschinengeneratoren. ETZ A, 74 (1953) H. 18, S. 529—532.

[10] THORWART, W.: Mikro-Induktionshärtung mittels hochfrequenter Impulse. ZVDI Bd. 95 (1953), Nr. 11/12, S. 341/44.

[11] VOSS, H.: Stähle für Flammen-Induktions- und Tauchhärtung. Stahl und Eisen 71 (1951) H. 20, S. 1037/40.

[12] Werkstattbuch Heft 89: GRÖNEGRESS, H. W., Brennhärten. Berlin/Göttingen/Heidelberg: Springer 1950.

[13] VDI-Arbeitsblatt 3050: Leitsätze für die betriebsmäßige Härteprüfung gehärteter und hochvergüteter Bauteile. Werkstattbuch Heft 111: HERMANN, L., Härtemessungen in der Werkstatt. Berlin/Göttingen/Heidelberg: Springer 1954.

[14] Werkstattbuch Heft 7: HERBERS, H., Härten und Vergüten des Stahles, 6. Aufl. Berlin/Göttingen/Heidelberg: Springer 1953.

[15] STANSEL, N. R.: Induction Heating. McGraw-Hill Book Company, Inc. New York, Toronto, London 1949.

[16] LANG, G.: HF-Erwärmung in den USA. Bull. Sev. Bd. 44 (1953) Nr. 15, Zürich. (Stand der HF-Generatorenentwicklung).

[17] BOGATYREW, J. M.: Das Anlassen oberflächengehärteter Konstruktionsstähle. Berlin: Verlag Technik 1952. (Induktives Härten und Anlassen, Übersetzung aus dem Russischen.)